建设机械岗位培训教材

混凝土布料机安全操作与使用保养

住房和城乡建设部建筑施工安全标准化技术委员会
中国建设教育协会建设机械职业教育专业委员会　　组织编写

崔太刚　主编

U0195099

中国建筑工业出版社

图书在版编目（CIP）数据

混凝土布料机安全操作与使用保养/住房和城乡建设部建筑
施工安全标准化技术委员会，中国建设教育协会建设机械职
业教育专业委员会组织编写. — 北京：中国建筑工业出版
社，2018.10

建设机械岗位培训教材

ISBN 978-7-112-22561-3

Ⅰ.①混… Ⅱ.①住…②中… Ⅲ.①混凝土机械-布料
器-使用方法-岗位培训-教材②混凝土机械-布料器-维修-岗位
培训-教材 Ⅳ.①TU64

中国版本图书馆 CIP 数据核字（2018）第 186595 号

　　本书是建设机械岗位培训教材之一，主要讲解了混凝土布料机操作人员岗位认知、混凝土布料机的基本常识、安装与调试、设备操作、日常维护保养、安全与防护、施工现场常见标志、标准与规范等内容。

　　本书可作为混凝土布料机操作保养人员岗位培训教材，也可供相关专业技术人员参考使用。

　　责任编辑：李　阳　朱首明　李　明
　　责任校对：李美娜

建设机械岗位培训教材
混凝土布料机安全操作与使用保养
住房和城乡建设部建筑施工安全标准化技术委员会
中国建设教育协会建设机械职业教育专业委员会　组织编写
崔太刚　主编

*

中国建筑工业出版社出版、发行（北京海淀三里河路9号）
各地新华书店、建筑书店经销
北京红光制版公司制版
北京市密东印刷有限公司印刷

*

开本：787×1092 毫米　1/16　印张：7½　字数：183 千字
2018 年 10 月第一版　　2018 年 10 月第一次印刷
定价：**26.00** 元
ISBN 978-7-112-22561-3
（32635）

建设机械岗位培训教材编审委员会

主 任 委 员：李守林

副主任委员：王　平　李　奇　沈元勤

顾 问 委 员：荣大成　鞠洪芬　刘　伟　姬光才

委　　　员：（按姓氏笔画排序）

王　进　　王庆明　　邓年春　　孔德俊　　师培义　　朱万旭

刘　彬　　刘振华　　关鹏刚　　苏明存　　李　飞　　李　军

李明堂　　李培启　　杨惠志　　肖　理　　肖文艺　　吴斌兴

陈伟超　　陈建平　　陈春明　　周东蕾　　禹海军　　耿双喜

高红顺　　陶松林　　葛学炎　　鲁轩轩　　雷振华　　蔡　雷

特别鸣谢：

中国建设教育协会秘书处

中国建筑科学研究院有限公司建筑机械化研究分院

北京建筑机械化研究院有限公司

中国建设教育协会培训中心

中国建设教育协会继续教育专业委员会

中国建设劳动学会建设机械技能考评专业委员会

中国工程机械工业协会租赁分会

中国工程机械工业协会桩工机械分会

中国工程机械工业协会用户工作委员会

住建部标准定额研究所

全国建筑施工机械与设备标准化技术委员会

全国升降工作平台标准化技术委员会

住房和城乡建设部建筑施工安全标准化技术委员会

中国工程机械工业协会标准化工作委员会

中国工程机械工业协会施工机械化分会

中国建筑装饰协会施工专业委员会

北京建研机械科技有限公司

国家建筑工程质量监督检验中心脚手架扣件与施工机具检测部

廊坊凯博建设机械科技有限公司

河南省建筑安全监督总站

长安大学工程机械学院

山东德建集团

大连城建设计研究院有限公司

北京燕京工程管理有限公司

中建一局北京公司

北京市建筑机械材料检测站

中国建设教育协会建设机械领域骨干会员单位

前　言

20 世纪 70 年代末，我国高层建筑开始使用进口混凝土布料机械，解决了国内重点工程的混凝土输送环节的机械化施工问题，混凝土泵送施工机械化作业工法和装备逐渐普及。混凝土布料机在我国的生产使用从 20 世纪 70 年代起步，至今有四十多年历史。混凝土布料机是建设工程中使用的混凝土输送机械关键设备之一，广泛用于建筑、市政、铁路、公路、桥梁、水利等工程，因其效率高、污染少、功能多，在国内外的混凝土砂浆施工作业中得到广泛应用。随着机械化施工的普及，现场作业人员对混凝土布料、灰浆输送等机械化施工作业提出了知识更新需求。

为推动机械化施工领域岗位能力培训工作，中国建设教育协会建设机械职业教育专业委员会联合中国建筑科学研究院有限公司建筑机械化研究分院、住房和城乡建设部建筑施工安全标准化技术委员会等共同设计了建设机械岗位培训教材的知识体系和岗位能力的知识结构框架，并启动了岗位培训教材编制工作，得到了行业主管部门、高校、科研院所、行业龙头骨干企业、高中职校会员单位和业内专家的大力支持。本教材全面介绍了该设备相关行业知识、职业要求、产品原理、设备操作、维护保养、安全作业及设备在各领域的应用，对于普及机械化施工作业知识将起到积极作用。

该书既可作为施工作业人员上岗培训之用，也可作为高中职校相关专业教材。因水平有限，编写过程如有不足之处，欢迎广大读者提出意见和建议。

本书由北京建筑机械化研究院有限公司崔太刚主编，北京建筑机械化研究院有限公司张海峰、中国京冶工程技术有限公司胡晓晨任副主编并统稿。北京建研机械科技有限公司蒋顺东和中国建筑科学研究有限公司建筑械化研究分院王平担任主审。

本书编写过程中得到了中国建设教育协会建设机械职业教育专业委员会各会员单位以及北京建研机械科技有限公司等业内企业的大力支持。参加教材编写的有：北京建筑机械化研究院有限公司邢惠亮、余太吉、贾大伟、马旭东、唐圆、程志强、李丽、刘勇、刘佳、祁小溪、白文杰、李科峰、刘慧彬、尹文静、于景华、刘妍、刘双，中国建筑科学研究院有限公司建筑械化研究分院张磊庆、孟竹、鲁卫涛、张淼、刘承桓、安志芳、刘贺明、王涛、陈晓锋、鲁云飞、周磊、石小虎等，河北公安消防总队李保国，浙江开元建筑安装集团余立成，中建一局北京公司秦兆文，衡水市建设工程质量监督检验中心王敬一、王项乙，中国京冶工程技术有限公司胡培林，中联重科混凝土机械公司谭勇，三一重机职业培训学校鲁轩轩，武警交通指挥部培训中心刘振华、林英斌，衡水龙兴房地产开发公司王景润，国家建工质检中心施工机具检测部王峰、郭玉增、陶阳、韦东、温雪兵、崔海波、刘垚，住建部标准定额研究所雷丽英、毕敏娜、姚涛、张惠锋、刘彬、郝江婷、赵霞，中国建设劳动学会夏阳，山东德建集团胡兆文、李志勇、田长军、张宝华、唐志勃，河南省建设工程安全监督站牛福增、陈子培、马志远，河南省建筑工程标准定额站朱军，河南省建筑科学研究院有限公司冯勇、岳伟保、薛学涛、金鑫，北京城市副中心行政办公区工程建设办公室安全生产部曾勃，北京市建筑机械材料检测站王凯晖，黑龙江建设安全

5

监督总站扈其强、宋煜，牡丹江建设监督站孙洪涛，齐齐哈尔建设安全监督站王长海、刘培龙，郑州大博金职业培训学校禹海军，南宁群健工程机械职业培训学校刘彬，重庆市渝北区贵山职业培训学校邢锋，宝鸡东鼎工程机械职业培训学校师培义等。

本书作为建设机械岗位公益培训教材，所选场景、图片均属善意使用，编写团队对行业厂商品牌无任何倾向性，在此谨向与编制组分享资料、图片和素材的机构、人士一并致谢！成书过程中得到了中国建设教育协会刘杰、李平、王凤君、李奇、张晶、傅钰等领导和专家精心指导，中国工程机械工业协会李守林副理事长、工程机械租赁分会田广范理事长、桩工机械分会刘元洪理事长等业内人士不吝赐教，一并致谢！

目　　录

第一章 岗 位 认 知

第一节 行 业 认 知

一、混凝土布料机的产生与发展

20 世纪 50 年代，德国施维英生产了世界上第一台真正意义上的液压驱动的混凝土泵，解决了混凝土的输送问题，混凝土泵送施工方式逐渐普及。混凝土泵的发展带动了布料机的发展，20 世纪 60 年代国外出现了带有混凝土布料臂的混凝土泵车，实现了泵送和布料设备的一体化。为满足各种工程的需要，随后独立的布料机出现了。

国内布料机的研制和生产起步较晚。20 世纪 70 年代末期出现了泵车用布料臂；80 年代中期手动机械式布料机问世，这是我国第一种独立式布料机，它没有动力，靠人力推动布料，有较大的局限性；1989～1991 年，我国研制成功了船用液压布料机，它是为港口、桥梁建设专门研制的机型，各项技术性能基本达到国外同类产品 20 世纪 80 年代的水平；1991～1992 年出现了独立式塔式起重机布料机，该布料机安装在塔式起重机的塔身上，采用液压驱动，布料范围较大，适用于厂房、电站等建筑物的浇筑；随后出现了起重、布料两用塔式起重机，它是在静定塔式起重机的臂架上增设了混凝土输送管和折叠机构而成，采用机械传动，钢丝绳牵引，臂架为桁架结构，臂长有的能达到 46m，此机型在起重状态下不能布料，而起重工况和布料工况的转换又比较麻烦，因此使用受到一定的限制。1996 年建设部北京建筑机械综合研究所（现为北京建筑机械化研究院有限公司）开发了 HGY10 型全液压布料机，该机采用三节臂"Z"字形折叠臂架，布料半径 10m，自重 2.3t（不含配重），轻于国外同类机型，可在同一楼面用塔式起重机吊起移位，不需要固定，方便地实现建筑物面、墙、柱的浇筑，使用完毕用塔式起重机吊下来放置，不影响其他工种施工。随后几年，北京建筑机械化研究院有限公司携北京建研机械科技有限公司又陆续研发生产了多品种的液压布料机，推动了国内液压布料机的发展与进步。

20 世纪 90 年代末，随着工程施工对布料机需求的增加，国内陆续有厂家开始生产布料机，布料机行业得到空前发展。目前市场上布料机品种完善、规格齐全，加上特殊定制的产品，基本上可以满足各种工程的需要，还大量出口到国外。

布料机的发展方向为：采用新材料、新工艺，使臂架做得更轻、更长、更灵活；采用电液比例和可编程控制，提高设备的可靠性与动态性能；推进智能臂架、故障自诊断等技术的应用，使设备更加智能化；提高易损件寿命；提升防倾翻保护、臂架防高压及防干涉保护技术的应用，使设备更安全；在新的需求下发展新的形式，适应新的环境下对布料机的需求。

目前生产布料机的厂家主要有北京建研机械科技有限公司（JAINE）、中联重科

（Zoomlion）、三一重工（Sany）、德国普茨迈斯特（Putzmeister，已被三一重工收购）、施维英（Schwing，已被徐工集团收购）、意大利的西法（CIFA，已被中联重科并购）等。

二、布料机的优势

在布料机出现以前，主要采取以下两种方式浇筑混凝土：①起重机吊料斗布料，即用起重机将装满混凝土的料斗吊至浇筑点，工人打开料斗底部的斗门释放混凝土；②铺设混凝土输送管布料，将输送管路铺设到浇筑点处浇筑，该点浇筑完成后，再拆装管子到达相邻浇筑点浇筑，这种方式常配以软管、溜槽、靠软管的摆动、挠曲和溜槽的移动来使混凝土在小范围内分布开。这两种方式工人劳动强度大、危险性高，生产效率低，就位准确性差，撒漏严重；因布料不均匀、不连续和高空洒落，也造成粗骨料的沉淀和离析；拆装输送管路的操作可能破坏已绑扎好的钢筋，这些因素都会影响工程质量。

布料机的使用有以下优势：①降低了工人的劳动强度和工作的危险性；②确保混凝土的浇筑质量；③提高浇筑效率，缩短施工工期；④经济性好，节约能源，降低成本。

第二节 从 业 要 求

一、岗位能力

岗位能力主要是指针对某一行业某一工作职位提出的在职实际操作能力。

岗位能力培训旨在针对新知识、新技术、新技能、新法规等内容开展培训，提升从业者岗位技能，增强就业能力，探索职业培训的新方法和途径，提高我国职业培训技术水平，促进就业。

在市场化培训服务模式下，学员可以由住房和城乡建设部主管的中国建设教育协会建设机械职业教育专业委员会的会员定点培训机构，自愿报名注册参加培训学习，考核通过后，取得岗位培训合格证书（含操作证）；该学习培训过程由培训服务市场主体基于市场化规则开展，培训合格证书由相关市场主体自愿约定采用。该证书是学员通过专业培训后具备岗位能力的证明，是工伤事故及安全事故裁定中证明自身接受过系统培训、具备基本岗位能力的辅证；同时也证明自己接受过专业培训，基本岗位能力符合建设机械国家及行业标准、产品标准和作业规程对操作者的基本要求。

学员发生事故后，调查机构可能追溯学员培训记录，社保机构也将学员岗位能力是否合格作为理赔要件之一。中国建设教育协会建设机械职业教育专业委员会作为行业自律服务的第三方，将根据有关程序向有关机构出具学员培训记录和档案情况，作为事故处理和保险理赔的第三方辅助证明材料。因此学员档案的生成、记录的真实性、档案的长期保管显得较为重要。学员进入社会从业，经聘用单位考核入职录用后，还须自觉接受安全法规、技术标准、设备工法及应急事故自我保护等方面的变更内容的日常学习，以完成知识更新。

国家实行先培训后上岗的就业制度。根据最新的住房和城乡建设部建筑工人培训管理办法，工人可由用人单位根据岗位设置自行实施培训，也可以委托第三方专业机构实施培训服务，用人单位和培训机构是建筑工人培训的责任主体，鼓励社会组织根据用户需要提供有价值的社团服务。

国家鼓励劳动者在自愿参加职业技能考核或鉴定后，获得职业技能证书。学员参加基础培训考核，获取建设类建设机械施工作业岗位培训证明，即可具备基础知识能力；具备一定工作经验后，还可通过第三方技能鉴定机构或水平评价服务机构参加技能评定，获得相关岗位职业技能证书。

二、从业准入

所谓从业准入，是指根据法律法规有关规定，从事涉及国家财产、人民生命安全等特种职业和工种的劳动者，须经过安全培训取得特种从业资格证书后，方可上岗。

对属于特种设备和特种作业的岗位机种，学员应在岗位基础知识能力培训合格后，自觉接受政府和用人单位组织的安全教育培训，考取政府的特种从业资格证书。从 2012 年起，工程建设机械已经不再列入特种设备目录（塔式起重机、施工升降机、大吨位行车等少数几种除外）。混凝土布料机、旋挖钻机、锚杆钻机、挖掘机、装载机、高空作业车、平地机等大部分建设机械机种目前已不属于特种设备，在不涉及特种作业的情况下，对操作者不存在行业准入从业资格问题。

布料机目前虽不属于住建部发布的特种作业安全监管范畴，但该种设备如果使用不当或违章操作，会造成建筑物、周边设备及设备自身的损坏，对施工人员安全造成伤害。从业人员须在基础知识能力培训合格的基础上，经过用人单位审核录用、安全交底和技术交底，获得现场主管授权后，方可上岗操作。

三、知识更新和终身学习

终身学习指社会每个成员为适应社会发展和实现个体发展的需要，贯穿于人的一生的持续的学习过程。终身学习促进职业发展，使职业生涯的可持续性发展、个性化发展、全面发展成为可能。终身学习是一个连续不断的发展过程，只有通过不间断的学习，做好充分的准备，才能从容应对职业生涯中所遇到的各种挑战。

建设机械施工作业的法规条款和工法、标准规范的修订周期一般为 3～5 年，而产品型号技术升级则更频繁，因此，建设行业的施工安全监管部门、行业组织均对施工作业人员提出了在岗日常学习和不定期接受继续教育的要求，目的是为了保证操作者及时掌握设备最新知识和标准规范和有关法律法规的变动情况，保持施工作业者的安全素质。

施工机械设备的操作者应自觉保持终身学习和知识更新、在岗日常学习等，以便及时了解岗位相关知识体系的最新变动内容，熟悉最新安全生产要求和设备安全作业须知事项，才能有效防范和避免安全事故。

终身学习提倡尊重每个职工的个性和独立选择，每个职工在其职业生涯中随时可以选择最适合自己的学习形式，以便通过自主自发的学习在最大和最真实程度上使职工的个性得到最好的发展。兼顾技术能力升级学习的同时，也要注意职工在文化素质、职业技能、社会意识、职业道德、心理素质等方面的全面发展，采用多样的组织形式，利用一切教育学习资源，为企业职工提供连续不断的学习服务，使所有企业职工都能平等获得学习和全面发展的机会。

第三节　职业道德常识

一、职业道德的概念

职业道德是指所有从业人员在职业活动中应该遵循的行为准则，是一定职业范围内的特殊道德要求，即整个社会对从业人员的职业观念、职业态度、职业技能、职业纪律和职业作风等方面的行为标准和要求。属于自律范围，它通过公约、守则等对职业生活中的某些方面加以规范。

二、职业道德规范要求

建设部 1997 年发布的《建筑业从业人员职业道德规范（试行）》中，对建筑从业人员相关要求如下。

1. 建筑从业人员共同职业道德规范

（1）热爱事业，尽职尽责

热爱建筑事业，安心本职工作，树立职业责任感和荣誉感，发扬主人翁精神，尽职尽责，在生产中不怕苦，勤勤恳恳，努力完成任务。

（2）努力学习，苦练硬功

努力学文化、学知识，刻苦钻研技术，熟练掌握本工种的基本技能，练就一身过硬本领。努力学习和运用先进的施工方法，钻研建筑新技术、新工艺、新材料。

（3）精心施工，确保质量

树立"百年大计、质量第一"的思想，按设计图纸和技术规范精心操作，确保工程质量，用优良的成绩树立建安工人形象。

（4）安全生产，文明施工

树立安全生产意识，严格安全操作规程，杜绝一切违章作业现象，确保安全生产无事故。维护施工现场整洁，在争创安全文明标准化现场管理中作出贡献。

（5）节约材料，降低成本

发扬勤俭节约优良传统，在操作中珍惜一砖一木，合理使用材料，认真做好落手轻、现场清，及时回收材料，努力降低工程成本。

（6）遵章守纪，维护公德

要争做文明员工，模范遵守各项规章制度，发扬团结互助精神，尽力为其他工种提供方便。

提倡尊师爱徒，发扬劳动者的主人翁精神，处处维护国家利益和集体利益，服从上级领导和有关部门的管理。

2. 中小型机械操作工职业道德规范包括

（1）集中精力，精心操作，密切配合其他工种施工，确保工程质量，使工期如期完成。

（2）坚持"生产必须安全，安全为了生产"的意识，安全装置不完善的机械不使用，有故障的机械不使用，不乱接、私接电线。爱护机械设备，做好维护保养工作。

（3）文明操作机械，防止损坏国家和他人财产，避免机械嘈杂声扰民。

第二章 基 本 常 识

第一节 术 语 与 定 义

1. 混凝土布料机

与混凝土泵出口连接的输送、布料的设备，本文简称布料机。

2. 移动式布料机

安装在机动车辆、轨道运行底盘、无动力行驶拖车等可移动底盘上的布料机，通常将能够独立地放在平整、坚固的支撑面上、使用时不需要固定的、可用起重设备方便地转移作业位置的支腿式布料机通称为移动式布料机。

3. 内爬式布料机

通过自身的动力在建筑物内向上爬升的布料机。

4. 固定式布料机

安装在固定机座上的布料机。

5. 布料臂架

在一定的半径范围内可回转、伸展、折叠的臂架并带混凝土输送管的总成。

6. 输送管路

输送可泵送混凝土的压力管道，包括锥管、直管、弯管、出料软管、管卡及附件。

7. 最大布料半径

在布料臂架全部展开处于水平位置，从布料机回转中心到布料臂架顶端刚性混凝土输送管出口中心的最大水平距离。

8. 最小布料半径

通过布料臂架的弯折，从布料机回转中心到布料臂架顶端刚性混凝土输送管出口中心的最小水平距离。

9. 最大布料高度

在布料臂架全部展开并仰起至最大仰角状态下，从布料机停机面到布料臂架顶端刚性混凝土输送管出口平面的垂直距离。

10. 布料机作业范围

通过臂架的展折、俯仰与回转，布料机所能覆盖的混凝土浇筑的最大区域。

第二节 布 料 机 的 分 类

布料机主要按以下几种不同方式进行分类。各制造商的产品既可以是下述分类中的一种，也可以是下述分类中的不同组合。

一、按参数分类

布料机主参数为布料半径。目前市场上常见的布料机的布料半径为 10~33m。

二、按驱动方式分类

1. 手动式布料机

手动式布料机没有动力装置,靠人工实现臂架的回转。此类布料机通常为水平变幅旋转,且布料半径不会太大。其优点是自重轻、价格便宜;缺点是操作所需人工较多,且安全性较差。

2. 液压式布料机

液压式布料机是依靠动力单元驱动液压缸(或液压马达减速机)实现臂架的各种动作,一般配备有遥控装置,操作方便。

三、按安装及固定形式分类

1. 固定式布料机

固定式布料机是安装在固定基座上的布料机,固定基座要满足布料机的最大工作载荷要求,保证布料机工作的稳定性。

2. 爬升式布料机

爬升式布料机也称内爬式布料机或顶升式布料机,是通过自身动力实现爬升的布料机,一般用于高层建筑,根据安装位置又可分为电梯井爬升和楼板爬升。

电梯井爬升式布料机的爬升机构是安装在建筑物电梯井道内;楼板爬升式布料机的爬升机构是安装在建筑物楼层板的预留孔内。

3. 移动式布料机

移动式布料机统指安装在机动车辆、轨道运行底盘、无动力拖车、带支腿的底架等装置上的布料机。通常又可分为支腿式布料机、拖式布料机、自行式布料机(车)、船载式布料机等。

支腿式布料机指以设备自身的支撑实现整机工作的稳定性,不需要其他的辅助固定的布料机,通常自重较轻,可用起重设备在施工现场转移作业位置。

拖式布料机是将布料机安装在无动力拖车或专用的、带轮的机座上,可以靠人力推动或车辆拖拽来移动。

在行业里一般把以上两种布料机称为移动式布料机,而以下四种布料机用它们细分的类型名称来称呼。

混凝土泵车是在机动车辆上同时安装有泵送单元和布料臂的设备,属于专用作业类车辆,须由国家工信部核准的汽车生产企业生产制造。

混凝土布料车是安装在机动车辆上的布料机。它自身不配备混凝土输送泵,工作时需要与单独的混凝土泵配合使用。此类设备同样属于专用作业类车辆,须由国家工信部核准的汽车生产企业生产制造。

履带式布料机是安装在履带底盘上的布料机,适用于轮式车辆无法进入的区域。

船载式布料机是安装在船上的布料设备,一般用于港湾、码头等工程。

四、按臂架结构形式分类

布料机的臂架通常分为水平回转变幅式和折臂式（图 2-1）。

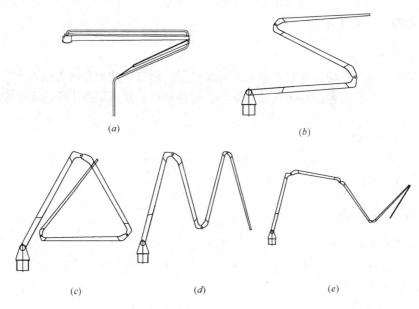

图 2-1　臂架结构形式
(*a*) 水平回转变幅式；(*b*) Z 型；(*c*) R 型；(*d*) M 型；(*e*) 综合型

水平回转变幅式臂架通过各回转机构实现各臂节的水平回转，从而实现布料半径的变化，由于结构形式的限制通常臂节数量为 2 节。

折臂式臂架是利用液压缸及连杆机构使各臂节在垂直面内转动，实现布料臂的举升、下降及布料半径的变化。折臂方式又可分为 Z 型、R 型、M 型和综合型。折臂式臂架一般由 2～4 节臂节组成。

第三节　布料机的构成

布料机一般由臂架总成、回转装置总成、混凝土管路、液压系统、电气控制系统、支撑及固定装置等构成。

一、基本构成

布料机的臂架总成、回转装置总成、液压系统、电气控制系统等是布料机最基本的构成。不同厂家、不同形式的布料机构成的具体形式不一样，但原理上是相通的。

1. 臂架总成

臂架总成通常由 2～4 个臂节构成，本文以最常见的三节卷折式臂架来说明（图 2-2）。

臂架通常的结构形式是箱形焊接体，各臂节之间以及连杆之间通过销轴连接，并配有轴承。通过液压缸的伸缩驱动连杆机构，从而实现臂架的展折运动。

混凝土输送管应符合《混凝土输送管型式与尺寸》JG/T 95—1999 的要求，通常采用

的是公称内径为 ϕ125。混凝土管沿布料臂纵向布置，并随布料臂的伸展或折叠一起运动。管与管的连接通过管卡完成，安装管卡时必须装入橡胶密封圈，管卡锁紧后必须插入弹性销将连接块锁住，确保安全。

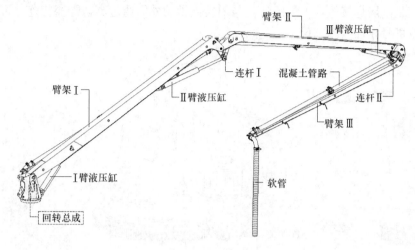

图 2-2 臂架总成

2. 回转总成

回转总成通常由上支座、回转支承、回转机构和下支座等构成（图 2-3）。

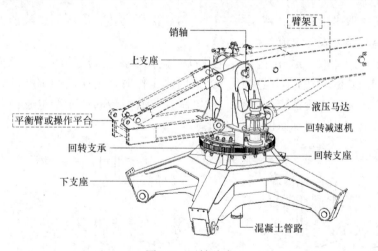

图 2-3 回转总成

（1）上支座（图 2-4）

上支座是一个金属焊接体，安装在回转支承的内圈上，采用高强螺栓连接。上支座通过销轴或空心套筒与大臂连接，起到对臂架的支承作用。通过回转机构的驱动，上支座带动臂架完成回转动作。平衡臂（或操作平台）、大臂液压缸和回转机构也分别通过销轴和螺栓与上支座连接。混凝土管路通过上支座侧面的孔进入其回转中心，在上支座的侧板和回转中心都设有支承支架用以固定混凝土管路。

（2）回转机构（图 2-5）

回转机构主要由液压马达、回转减速器以及回转支座等组成。回转支座焊接在上支座上，工作时由液压马达提供动力，通过减速器带动回转齿轴与固定的回转支承大齿圈（外圈）啮合滚动产生回转动作。

（3）下支座

下支座是金属焊接体，上端的法兰与回转支承的外圈通过高强螺栓相连，下部与布料机的支腿或塔身相连（图2-6）。

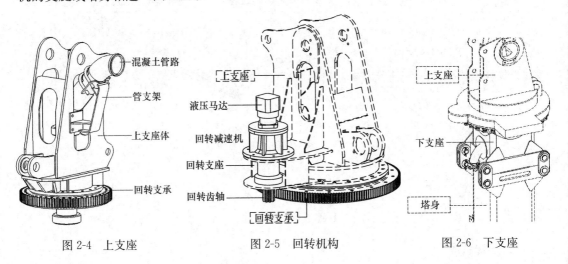

图2-4 上支座　　　　图2-5 回转机构　　　　图2-6 下支座

3. 液压系统

液压系统一般由电动机、液压泵（图2-7）、液压马达、液压箱、液压油缸、液压阀组、液压管路和压力表等组成。

液压阀组（图2-8）分别由阀板、电磁换向阀以及溢流阀等组成，4个换向阀分别负责3个臂节和回转的动作，当其中任一个换向阀工作时，主换向阀都联动并处于闭合状态，系统建立压力完成所选定的动作。当控制臂节或回转的这4个电磁换向阀停止工作时，主换向阀的阀芯也回到原位，系统卸荷。

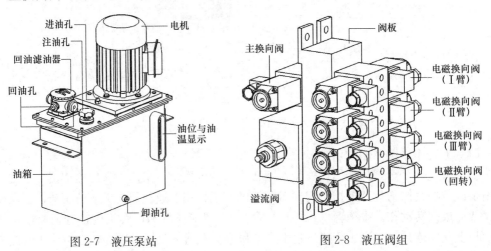

图2-7 液压泵站　　　　图2-8 液压阀组

溢流阀用来设定和调整系统的压力，出厂前系统的压力已设定，用户不可擅自改动。液压原理如图2-9所示。

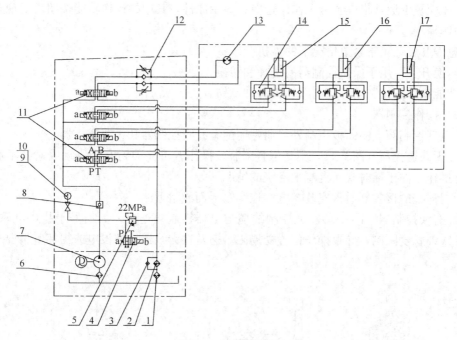

图 2-9　液压原理图

1—回油过滤器；2—油冷却器；3—单向阀；4—电磁换向阀（主换向阀）；5—溢流阀；6—吸油过滤器；

7—液压泵；8—单向阀；9—压力表开关；10—压力表；11—电磁换向阀；12—单向节流阀；

13—摆线马达；14—液压锁或平衡阀；15—液压缸Ⅲ；16—液压缸Ⅱ；17—液压缸Ⅰ

液压缸上装有双向液压锁或平衡阀和节流阀（图 2-10），节流阀用来控制臂节的动作速度，设备在出厂前已经调整完毕，用户不可擅自改动。如果液压软管意外爆裂，液压锁能防止臂架下落。

4. 电气系统

电气控制系统通常由电气控制箱、操作控制器以及电源和控制线缆构成。

（1）电气控制箱由箱体、电器原件、功能显示及按钮构成（图 2-11）。

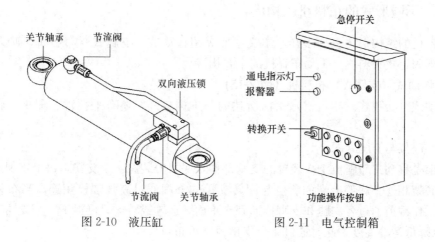

图 2-10　液压缸　　　　　　图 2-11　电气控制箱

箱体面板上通常集成各种操作、选择、显示原件，其中的操作功能按钮可实现布料机各种动作控制。

"急停开关"用于紧急情况下的停机。

"转换开关"用于操作控制器的选择和转换。

"功能操作按钮"用于控制布料机各种动作。

（2）操作控制器

除电气控制箱上的面板控制外，通常还配有有线控制器和无线遥控器。

1）无线遥控器（图2-12）不受位置限制，操作者可移动到安全位置或避开不利环境点进行操作，便于随时观察混凝土浇筑的情况。

无线遥控的接收器通常安装在电气控制箱上面或附近。

2）有线控制器（图2-13）由控制线缆与电器控制箱连接，无信号干扰，可靠性强。但由于线缆长度限制，导致操作位置受局限。通常在无线遥控器没电或损坏等情况下应急使用。

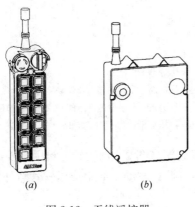

图 2-12　无线遥控器

（a）无线发射器；（b）无线接收器

图 2-13　有线控制器

（3）电气系统原理图（图2-14）

二、不同形式的布料机的构成

布料机的结构形式多种多样，本文主要介绍移动式（支腿式）布料机、爬升式布料机、基础固定式布料机、手动布料机的主要构成。

1. 移动式（支腿式）布料机（图2-15）

移动式（支腿式）布料机除由前所述的基本构成外，还有平衡臂、配重、底架与支腿等。

（1）底架与支腿（图2-16）

底架是移动式布料机工作装置的支承部件，底架安装有4个支腿，每个支腿通过2个销轴与底架相连。底架上端的法兰与回转支承的外圈通过高强螺栓相连。当布料机工作时，其工作载荷通过各支腿和支脚传递到支承面。运输或转场时可拆下4个支腿（包括支脚），以降低运输高度，此时通过4个支承板支承布料机。

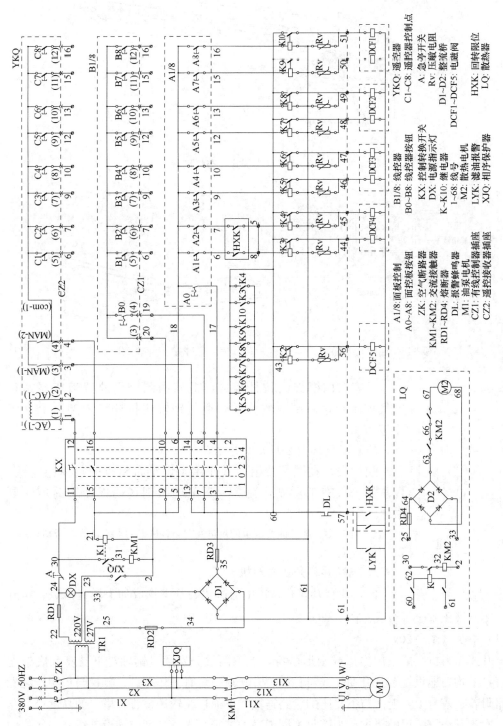

图 2-14 电气原理图

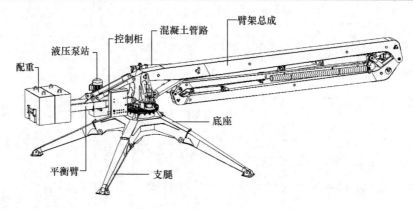

图 2-15　移动式（支腿式）布料机

（2）平衡臂（图 2-17）

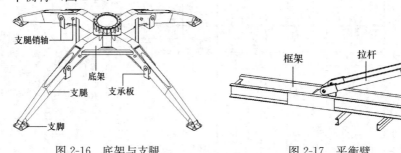

图 2-16　底架与支腿　　　　　图 2-17　平衡臂

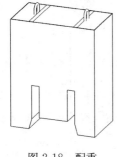

图 2-18　配重

平衡臂由框架与拉杆组成，框架两侧分别放置液压泵站和电气控制箱，后端放置配重，通过销轴用拉杆将框架与上支座相连。

（3）配重（图 2-18）

配重安装在平衡臂上，其作用是调整布料机的整体稳定性。配重箱一般在工厂制作完毕，运至施工现场初次使用前填注混凝土。

注：用户不能随意改变配重的重量及在布料机上的安装位置，否则有发生设备倾翻的危险。

2. 电梯井爬升式布料机

电梯井爬升式布料机由前所述的基本构成加上塔身总成、爬升装置、爬升液压系统等组成（图 2-19）。

（1）塔身（图 2-20）

爬升式布料机一般采用方形或圆形塔身，上下两端分别通过销轴与下支座和底架连接，塔身上均匀地设置有爬升通孔或对称的爬升轨道，装有操作平台、爬梯与护圈，混凝土管路附着在塔身上，上面与下支座的管路连接，下面连接输送泵管。塔身的高度最少要满足一次爬升浇筑一层的要求，为满足不同层高的需求，塔身高度应该设计得高一些，也能有效避免因混凝土没有充分凝固，布料机不能及时爬升而影响施工作业，用户选择布料机时要充分考虑这一点。

（2）爬升装置（图 2-21）

电梯井爬升装置主要由爬升框架、固定框架和底架组成。

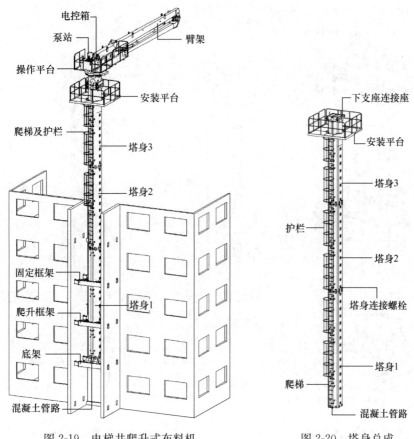

图 2-19 电梯井爬升式布料机 图 2-20 塔身总成

安装在塔身底部的是爬升底架（或称底架），随布料机的爬升与塔身一起爬升，在爬升过程中不需要拆卸。底架在布料机工作时承受垂直载荷和水平载荷。安装在中部的是爬升框架，其上安装有爬升液压缸，为布料机爬升提供动力。

安装在上部的是固定框架，在布料机工作和爬升时承受水平载荷，保证设备稳固。

爬升框架和固定框架在整机爬升前要先用手动或电动葫芦将其提升到上面的预留孔，为整机爬升作好准备。

每个框架都有 4 个伸缩梁，伸缩梁拉出并固定在预留孔内，起固定布料机与传递载荷的作用；当自身需要提升时，收回伸缩梁，避免与电梯井道干涉。

（3）爬升液压系统（图 2-22）

爬升机构的液压系统一般包括爬升液压缸、爬升操作阀、分流集流阀以及液压管路等组成。

爬升机构的液压系统动力，源于布料机的液压泵站，需要爬升作业时，切换至爬升回路。

爬升作业前，要严格按照厂家使用说明书要求把爬升液压系统连接好。

爬升液压缸安装在爬升框架上，通过爬升大轴顶升布料机，从而实现爬升动作。

爬升作业时，操作者一般位于爬升液压缸所在的位置，以便于观察和控制，底架和固定框架所在位置同样需要相关人员配合协同工作，保证爬升作业安全顺利完成。

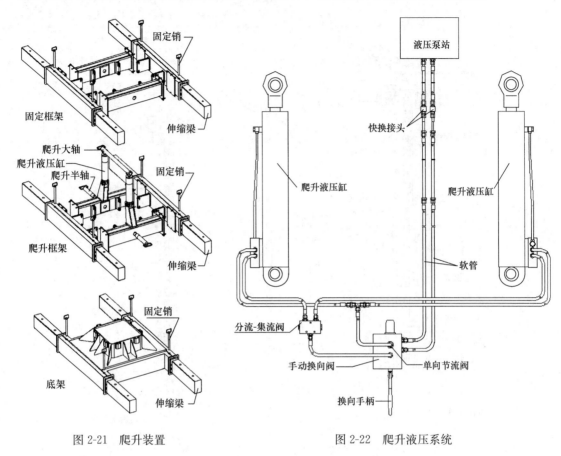

图 2-21　爬升装置　　　　　　　图 2-22　爬升液压系统

拆装爬升液压系统的快速接头前，需先按使用说明书要求进行系统泄压。

3. 楼板爬升式布料机

楼板爬升式布料机由前面所述的基本构成加上塔身总成、爬升装置、爬升液压系统等组成（图 2-23）。

（1）塔身总成

楼板爬升式布料机一般采用方形塔身，其结构与电梯井爬升式塔身基本一致（图 2-20）。

（2）爬升装置

楼面爬升式布料机爬升装置由爬升框架、爬升液压缸、穿墙螺栓、楔块、爬升大轴组成（图 2-24）。

框架可从中间拆分成两件，以便于不同楼层的替换安装。

穿墙螺栓是将爬升框架固定在楼板上的紧固部件。

楔块是将布料机塔身与爬升框架楔紧的活动部件。

爬升大轴是连接布料机塔身与爬升装置的重要受力部件，其使用位置和方法要严格遵照厂家使用说明书的要求。

爬升框架作用如下：

1）固定支撑布料机；

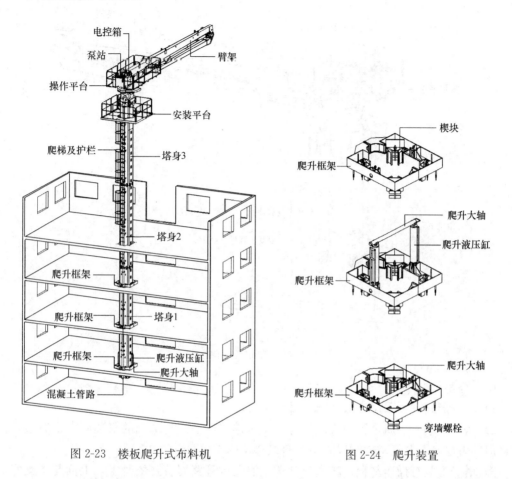

图 2-23 楼板爬升式布料机

图 2-24 爬升装置

2）布料机在楼板预留孔里向上爬升时，整机重力通过爬升液压缸传到爬升框架，由楼面板承受；由不平衡载荷产生的力矩及水平风载荷是由上下两爬升框架承受，并传给楼板；

3）布料机作业时，整机重力由爬升框架传至楼板，工作力矩由上下爬升框架传到楼板上。

爬升框架通过穿墙螺栓与楼层板连接固定。

（3）爬升液压系统

爬升的动力由布料机自身的动力源提供，通过液压管路与爬升液压缸连接。爬升控制阀通常位于爬升框架所在楼层，便于操作与观察。

楼面爬升式布料机的爬升液压原理与电梯井爬升式布料机的原理相同（图 2-22）。

4. 基础固定式布料机

基础固定式布料机是固定在专用混凝土基础之上的布料机，是固定式布料机中较为常用的一种形式。

基础固定式布料机前所述的基本构成外，通常配有塔身，安装固定装置及专用的混凝土基础（图2-25）。

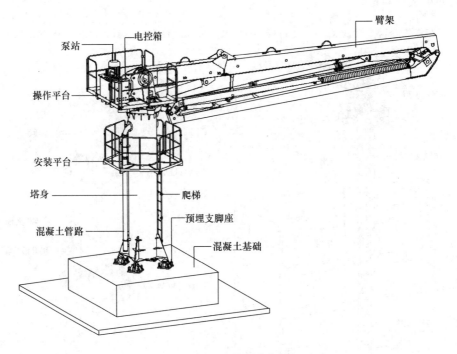

图 2-25　基础固定式布料机

（1）塔身

1）塔身形式：可采用方形、圆形或桁架式；

2）塔身上端可以通过销轴或螺栓与下支座连接，下面与基础的安装固定也有很多方式，但要考虑是否要经常拆卸以满足布料机移位的需要；

3）塔身上装有操作平台、爬梯与护圈，混凝土管路附着在塔身上，上面与下支座的管路连接，下面连接输送泵管。

4）塔身的高度一般要根据现场施工要求来定，以达到最佳使用效果。

（2）混凝土基础

混凝土基础要按照布料机厂家提供的基础图纸及相关技术要求现场制作（图2-26）。

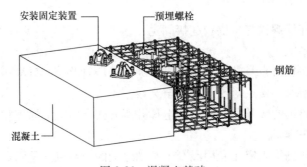

图 2-26　混凝土基础

5. 手动布料机

手动布料机主要由上机架、回转支座体、塔身、下机架、支腿、钢丝绳系统、混凝土管路及配重组成，如图 2-27 所示。

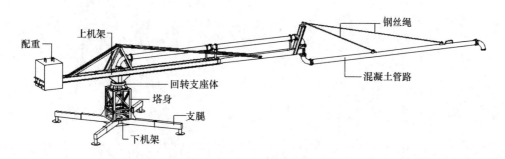

图 2-27　手动布料机

第四节　布料机的工作原理

从混凝土施工流程（图 2-28）可以看出，布料机作为泵送施工的最后环节，是商品混凝土泵送到施工浇筑层后布送达浇筑部位的关键设备。

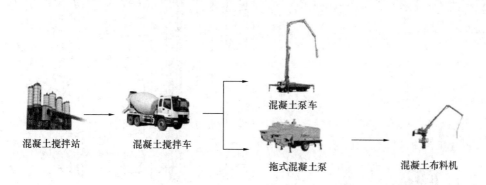

图 2-28　混凝土泵送和浇筑流程

图 2-29 是电梯井爬升式布料机在高层建筑施工中的工作示意图。

布料机安置于建筑物的电梯井内，通过管路与混凝土泵连接，罐车运送过来的混凝土由混凝土泵泵送出来，沿着铺设的泵管和布料机自带的混凝土管路输送到需要浇筑的施工区域，由布料机通过回转及臂架的举升、展折等动作，将布料臂末端（也就是混凝土输送管出料端）定位到待浇筑点上，从而准确地实现混凝土的浇筑。该楼层的浇筑结束后，布料机通过自身的爬升机构爬升到上面一楼层，固定并连接好管路，准备下面的浇筑。

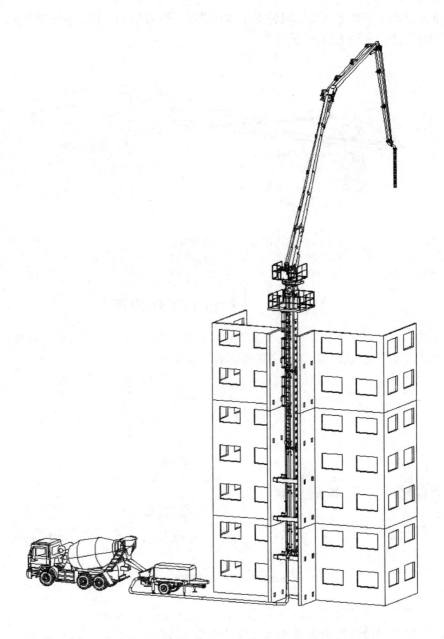

图 2-29　电梯井爬升式布料机工作示意

第 五 节　典　型　工　况

图 2-30 是不同结构形式的布料机在不同工程中使用的典型工况。

图 2-30 典型工况

(a) 移动式（支腿式）布料机；(b) 爬升式布料机；(c) 固定式（基础固定式）布料机；
(d) 固定式（压重式）布料机；(e) 船载式布料机；(f) 车载式布料机

第三章　安　装　与　调　试

第一节　安　装　条　件

布料机安装前相关人员应认真阅读产品手册，检查安装条件是否满足要求，如有特殊情况，应及时联系生产厂家。

一、环境条件

(1) 海拔高度 1000m 以下；

(2) 环境温度 −20～40℃；

(3) 风速不得大于 50km/h (13.8m/s，相当于 6 级风)；

(4) 遇有雷电、大雾等恶劣天气，应立即停止安装作业。

二、电源条件

(1) 施工现场提供的电源应符合标准《施工现场临时用电安全技术规范》JGJ 46—2005 及《建设工程施工现场供用电安全规范》GB 50194—2014 的要求；

(2) 电源应为三相交流电，电压为 380 (＋10，−5) V，频率为 50Hz，如遇特殊电源 (如国外 440V，60Hz)，请与生产厂家联系；

(3) 当电源的电压和频率误差较大时，会导致布料机无法正常工作，甚至会导致电气元件损坏；

(4) 布料机需要设置专用配电箱，供电功率不低于设备最大功率 (参照厂家使用说明书)。

三、支承面或固定条件

安放或固定布料机的支承面满足要求是保证布料机安全工作的最基本的条件。布料机的品种很多，不同臂长、不同结构形式的布料机有不同的安放或固定要求。选用布料机时首先要考虑安放或固定方案，确保支承面或平台能够满足布料机厂家出具的最大载荷要求，保证布料机工作的稳定性与安全性。

四、起重设备条件

(1) 安装布料机时，可使用汽车式起重机或塔式起重机等起重设备进行安装；

(2) 起重设备的使用需符合《建筑机械使用安全技术规程》JGJ 33—2012 的规定；

(3) 起重设备在安装位置处的起重能力，应大于布料机最大吊重部件的重量；

(4) 安装时，起重设备绝对不允许超过额定载重量；

(5) 根据布料机最重部件来确定合适的起重设备和安装工具 (辅助吊装设备、枕木、索具、绳扣等）；

（6）安装时必须平缓进行，防止发生剐蹭和碰撞，以免造成部件损坏、设备倾翻等事故。

五、现场作业空间条件

（1）工作现场应有足够的空间安装和安置布料机；

（2）布料机的安装现场需挂出警示标志，禁止非工作人员入内；

（3）清除安装区域的杂物，对安装区域作好安全防护，禁止垂直交叉作业，防止高空坠物，必要时加装安全网；

（4）如果在布料臂工作可及的范围内存在障碍物，如构筑物、悬挂物、立柱、钢筋等，应确认布料臂在运动过程中具有足够的避让空间而不与障碍物发生干涉，布料臂的安全通过距离不得小于0.6m。

（5）布料机的任何部位，特别是高举或展开时臂架的任何部位，与现场的用电设备和输电线的安全距离应符合表3-1的规定。

布料机部件与现场的用电设备和输电高压线的安全距离 表3-1

电压（kV）	安全距离（m）
≤1	1
>1～110	3
>110～220	4
>220～400	5
>400，或电压不详	5

六、安装人员条件

（1）经过相关培训，得到授权后方可进行作业；

（2）布料机安（拆）作业要按高空作业要求，穿戴好防护用品，如安全帽、安全带、软底防滑鞋等；

（3）整个施工作业必须有专人负责统一指挥，分工明确，禁止违章作业；

（4）进行有针对性的安全技术交底后，方可作业；

（5）详细阅读布料机使用说明书，严格按说明书所规定的安装程序进行作业；

（6）执行《建筑机械使用安全技术规程》JGJ 33—2012；

（7）特种作业人员按《建设工程安全生产管理条例》的规定，持证上岗。

第二节 安 装 流 程

在满足第一节安装条件的前提下才能进行布料机的安装。

布料机安装时应注意部件和整机的稳定性，吊车司机应使用布料机上的指定吊点，轻吊轻放，与指挥人员应密切配合，注意安全。

布料机的受力部件连接处大多采用高强螺栓，在安装过程中严禁采用低强度螺栓替代原有螺栓，否则极易出现重大安全事故。

布料机的品种、型号多，结构形式各异，其安装流程也各不相同。下面介绍几种常用的布料机的安装流程。

一、手动布料机的安装

1. 下机架的组装

（1）用吊车将底座水平吊起离地一定高度，将四条支腿插入底座支腿插孔的相应位置，用插销插入连接孔并用开口销将插销锁住。将底座与支腿连接好后，放置在坚实平整的地面上（图3-1）；

（2）将用于防止支腿抽出的4块挡板用螺栓连接在支腿插孔下方，以防止支腿抽出；

（3）布料机4条支腿水平误差不得大于3mm，且4条支腿必须在最大跨距锁定后，方可保证其整机稳定性。

2. 回转支座体的组装（图3-2）

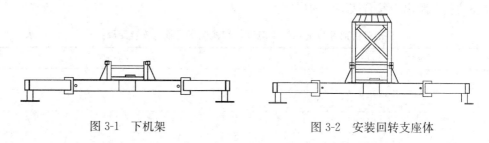

| 图3-1 下机架 | 图3-2 安装回转支座体 |

（1）将回转支座体吊起，轻放在下机架上，将连接套对齐；

（2）将螺栓由上向下插入连接套孔中，放置垫片，按厂家说明书规定的螺栓预紧扭矩，拧紧螺母；

3. 上机架和配重支撑架部分的组装（一般出厂时回转支承已连接在上机架之下，图3-3）

（1）将上机架和配重支撑架平稳吊起；

（2）将上机架和配重支撑架轻放在回转支座体上，将回转支承内圈的螺栓孔与回转支座体上相应的螺栓孔对齐；

（3）将螺栓由下向上插入孔中，按厂家说明书规定的螺栓预紧扭矩，拧紧螺母；

（4）螺栓全部上好后，再将塔式起重机吊钩摘除。

4. 配重的安放（图3-4）

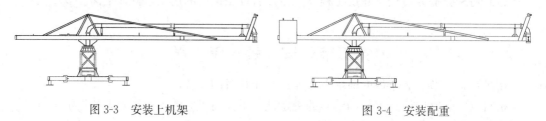

| 图3-3 安装上机架 | 图3-4 安装配重 |

（1）设备出厂时一般只提供配重箱，要先按产品说明书的要求进行配重物填充（一般

为浇灌混凝土），重量偏差不超过说明书要求的±1％，以防布料机倾覆；混凝土硬结后，方可使用配重；

（2）将配重平稳地吊起，放置于配重支撑架的尾部。

注：布料机必须安装配重后方可安装或展开前段混凝土管，否则整个布料机会失去平衡，发生倾覆事故。

5. 前段混凝土管的安装（图 3-5）

（1）将上机架上方的混凝土管安放就位，用 U 形螺栓预固定；

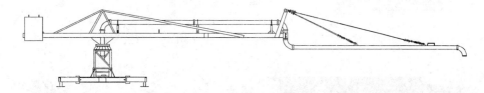

图 3-5　安装前段混凝土管

（2）安装回转支座体中的竖管，用管夹预固定；

（3）将上机架前端下行的弯管和直管用管夹连接好；

（4）将前段混凝土管与钢丝绳系统连接好，将钢丝绳系统的回转轴套装在上机架前端的立轴上，用管夹连接其余弯管；

（5）转动钢丝绳上的螺旋扣，微调钢丝绳的长度，使前段混凝土管与上机架平行；

（6）将 U 形螺栓和管夹上的各螺母拧紧，将钢丝绳系统回转轴套上的垫圈和螺母拧紧。

6. 混凝土管的连接

（1）用管夹将布料机底座下的混凝土管通过一个 90°弯管与混凝土泵送管路连接，连接前管夹内应装入橡胶密封圈。

（2）管夹安装后必须用弹性开口销将连接块锁住，以确保安全。

注：整体移动布料机时，先将前段混凝土管回转至主梁下并用绳索捆绑固定，然后起吊放置到新的使用地点。如果现场塔式起重机起重量不足，主机与配重可以分别起吊。

二、带支腿的移动式布料机的安装

带支腿的移动式液压布料机的集成度较高，臂架总成与上下支座等一般在出厂前已组装完毕，因此现场安装工作比较简单。

1. 吊起臂架总成（图 3-6）

（1）选用适合的钢丝绳，按产品说明标示挂好吊点；

（2）吊装时需要拴导向绳控制方向。

2. 安装支腿（图 3-7）

（1）将支腿插入底架的支腿套筒内；

（2）插入支腿固定销图（3-8）；

（3）用开口销固定支腿固定销。

3. 安装配重（图 3-9）

（1）设备出厂时一般只提供配重箱，要先按产品说明书要求进行配重物填充（一般为浇灌混凝土），重量偏差不超过说明书要求的±1%；混凝土硬结后，方可使用配重；

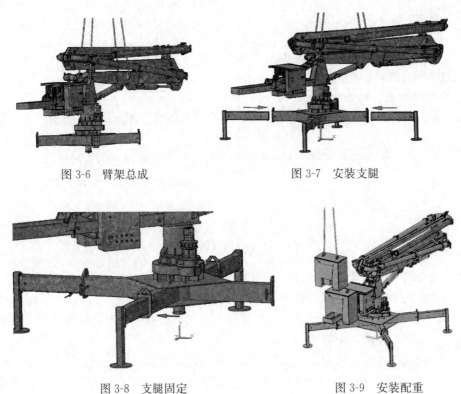

图 3-6　臂架总成　　　　　　　　图 3-7　安装支腿

图 3-8　支腿固定　　　　　　　　图 3-9　安装配重

（2）将配重箱平稳地吊起，放置于配重支撑架的尾部；

注：安装配重后方可展开臂架，否则整个布料机会失去平衡，发生倾覆事故。

4. 设备就位（图 3-10）

设备主体安装完成后，如果需要移动，应使用整机吊点（以产品说明书为准），选用足够大的起重设备，并提前在布料机上拴导向绳以控制方向。

5. 混凝土管的连接（图 3-11）

（1）布料机的混凝土管（包括直管和弯管）已用管夹连接好，并用卡箍固定在相应部件上；

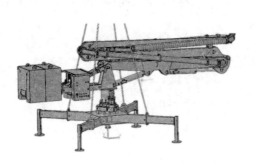

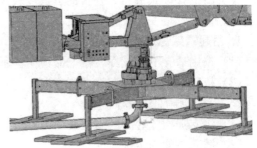

图 3-10　布料机就位　　　　　　　图 3-11　连接泵送管路

（2）用管夹将布料机的混凝土管在下支座下方与混凝土泵送管路通过一个 90°的弯管

连接好，连接前管夹内应装入橡胶密封圈；

（3）管夹安装后必须用弹性开口销将连接块锁住，以确保安全。

6. 电源连接

按产品说明书要求，将布料机电源与现场配电箱连接后，即可进行通电试机。

三、固定式布料机的安装

固定式布料机通常安装在专用混凝土基础或模架、梁、钢制平台上进行工作。

专用的混凝土基础由钢筋、预埋螺栓和混凝土构成，一般由用户按照厂家提供的基础图纸及相关要求现场制作，基础放在满足要求的支承面上，布料机通过螺栓或销轴与基础连接。

对于安装在建筑物的模架、梁、钢制平台等结构上的布料机，在确定安装方案的同时须认真计算模架、梁、钢制平台等承重结构的受力情况，满足布料机对承重结构的受力要求。安装方式可以通过销轴连接（将生产厂家提供的耳座按要求焊到承重结构上，布料机通过销轴与耳座连接），也可直接通过螺栓、压板或 U 形螺栓将布料机底架固定在承重结构上。

下面以装在混凝土基础上为例，介绍固定式布料机安装流程。

1. 基础制作

（1）按照布料机厂家提供的基础图纸及相关技术要求现场制作（图 3-12）；

（2）预埋螺栓需要有工装，以保证地脚螺栓的位置尺寸、平面度与垂直度，并等到水泥凝固后再拆下工装；

（3）在预埋地脚螺栓时，如果钢筋与地脚干涉，不能切断也不能减少，可采取避让措施；

（4）混凝土基础应制作在坚硬平整的地面上，该地面应进行处理，使其能承受要求的载荷而不深陷；

（5）基础必须达到强度要求后才能进行后面的安装作业（图 3-13）。

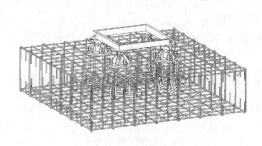

图 3-12 基础制作

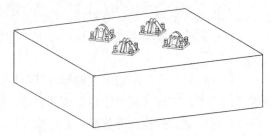

图 3-13 基础

2. 塔身安装（图 3-14）

安装塔身时也必须按照产品使用说明书要求进行，严禁私自增加布料机的塔身高度。

（1）先将爬梯、混凝土管路、工作平台等附件提前安装在塔身上；

（2）将塔身总成吊起，对齐基础上的耳座，插入销轴，然后穿入定位销或开口销固定，防止松脱；

（3）塔身与耳座连接牢固后，方可松开吊钩；

（4）如果塔身分为几节，在起重能力允许的情况下，可以将塔身各节提前连接完成后，进行一次吊装。

（5）塔身安装完成后，塔身轴心线对支撑面的垂直度误差不得超过 4/1000。

3. 臂架总成（含上下支座）安装（图 3-15）

臂架总成与上下支座、回转支承、回转机构、液压系统、电气系统等出厂时一般都已集成在一起并调试完毕。通常情况下，用户在安装、拆卸或转移工地时，这些部件不必拆散，不仅方便运输吊装，也保证了设备可靠性。

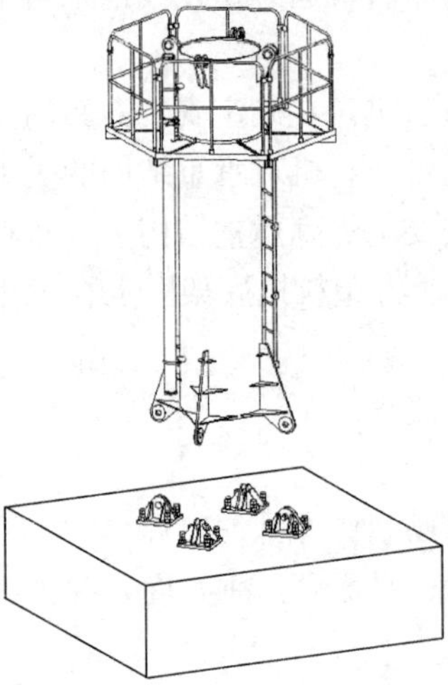

图 3-14　安装塔身

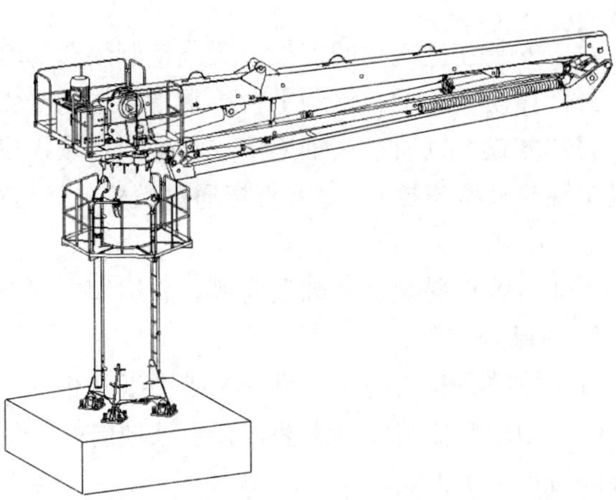

图 3-15　安装臂架总成

下支座与塔身通常采用销轴或螺栓连接。基础和塔身安装完毕，并检查合格后，方可安装臂架总成。

吊装臂架总成时，必须确保臂架处于全部收回并锁定的状态。

（1）将工作平台、栏杆等附件提前安装于臂架总成上；

（2）根据产品说明书或产品标示要求，选择合适的吊点吊装，以保证臂架总成的平稳就位；

（3）臂架就位后，用销轴或螺栓将其与塔身牢固连接，螺栓预紧力必须满足产品使用说明书的要求，销轴必须穿定位销或开口销，防止松脱；

（4）连接紧固并检查确认后，方可松开吊钩。

4. 混凝土管路的安装、连接

（1）布料机的混凝土管（包括直管和弯管）已用管夹连接好，并用卡箍固定在相应部件上；

（2）将布料机塔身连接处、臂架与塔身连接处的混凝土管路用管夹连接好；

（3）将塔身最下端的混凝土管与混凝土泵送管路通过一个 90°的弯管连接好，连接前管夹内应装入橡胶密封圈；

（4）管夹安装后必须用弹性开口销将连接块锁住，以确保安全。

5. 电源连接

按产品说明书要求将布料机电源与现场配电箱连接。

四、爬升式布料机的安装

1. 电梯井爬升式布料机的安装

电梯井道内必须按生产厂家说明书要求设置预留孔，用以固定布料机并传递工作载荷。

如图 3-16 和图 3-17 所示，一般情况下在每一楼层设置一组预留孔，每一组设 4 个预留孔，相互高差不大于说明书要求，安装布料机时可加垫片调整，保证布料机塔身的铅垂度。

楼层高度不符合厂家要求时，预留孔的设置请向生产厂家咨询。

图 3-16 电梯井道

预留孔必须设置在电梯井道的承重墙上。

（1）安装爬升装置（底架、爬升框架、固定框架）与下塔身

如果起重设备起重量较大，一般先在地面上将底架、爬升框架、固定框架与下塔身进行组装，经辅助固定后（防止吊装时发生滑动或脱落），一并吊装至电梯井内（图 3-18）。

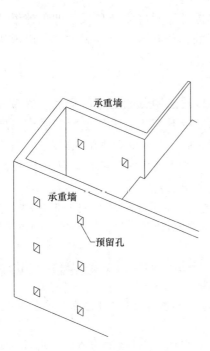

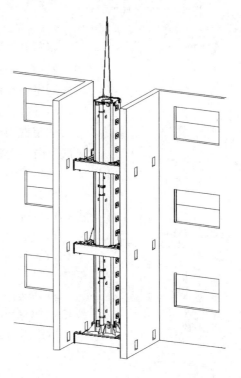

图 3-17 电梯井道预留孔示意　　　　　图 3-18 爬升装置与下塔身吊装

1）安装底架（图 3-19）：将底架的伸缩梁伸出，支撑于电梯井承重墙的预留孔内，调整好塔身的垂直度后，穿好固定销，用楔块将伸缩梁固定在预留孔内。

布料机在建筑物施工初期不具备爬升条件时可以将底架独立安装于专用混凝土基础（底板）上工作，直至达到一定楼层时布料机可在电梯井内爬升时底架脱离基础与塔身同时爬升。

当爬升时，底架的伸缩梁推入底架内部，用定位销固定。

2）安装爬升框架（图 3-20）

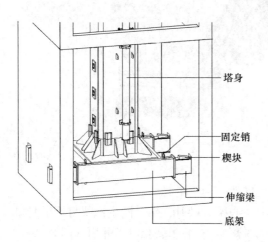

图 3-19　安装底架

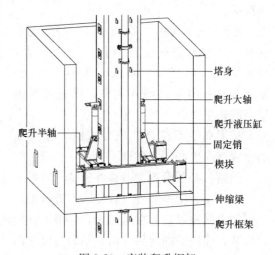

图 3-20　安装爬升框架

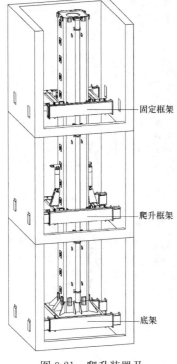

图 3-21　爬升装置及
下塔身安装完毕

将爬升框架提升至对应安装楼层，伸出伸缩梁，支撑于底架上一层的预留孔内，穿好固定销，用楔块将伸缩梁固定在预留孔内。

3）固定框架

固定框架可以通过销轴固定在塔身上，待布料机需要爬升时，先将其提升至爬升框架上面二层或三层的位置，伸出伸缩梁，固定在相应的预留孔内。

爬升装置安装完毕后（图 3-21），认真检查固定情况，然后进行下一步的安装。

注：①当安装起重机起重量较小时，可分部件安装：先将底架安装在电梯井内，再安装塔身，接着分别安装爬升框架与固定框架；

②塔身连接必须使用厂家提供或要求的螺栓，并用扭力扳手按要求的预紧力预紧；

③塔身安装后，需检测塔身对水平地面的垂直度是否符合要求；

④被连接的法兰盘与垫圈的接触面应清理干净。拧紧螺母前应在其端面及螺纹上涂少许含有二硫化钼的黄油。

（2）安装上塔身

将上塔身在地面拼装，并将爬梯、混凝土输送管、操作平台等部件装配完毕后，一起吊装至电梯井内的下塔身上（图3-22），就位后，用连接销轴或连接螺栓将其与上塔身牢固连接，螺栓预紧力必须满足产品说明书要求，连接销轴需穿定位销或开口销，防止销轴松脱。连接紧固并检查确认后，方可松开吊钩。

（3）安装臂架后段总成（图3-23）

臂架后段总成一般由上下支座、回转支承、回转机构、液压系统、电气系统及大臂后段等部件组成。出厂时已安装调试完毕，通常情况下，用户在转移工地时，这些部件不必拆散。一起运输，一起吊装，这样可保证可靠工作。

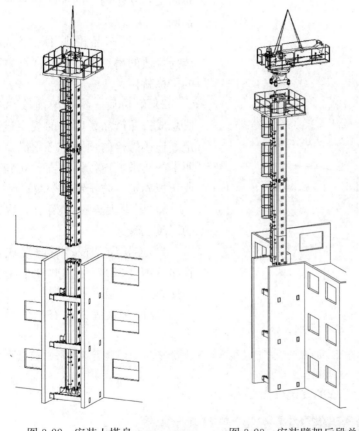

图3-22　安装上塔身　　　　　图3-23　安装臂架后段总成

1）将工作平台、栏杆等附件提前安装于臂架后段总成上；

2）根据产品说明书或产品标示要求，选择合适的吊点吊装，以保证臂架后段总成的平稳就位；

3）就位后，用连接销轴或连接螺栓将其与上塔身牢固连接，螺栓预紧力必须满足产品说明书要求，连接销轴需穿定位销或开口销，防止销轴松脱；

4）连接紧固并检查确认后，方可松开吊钩。

注：因吊装需要必须拆卸回转支承时，应注意，再安装时螺栓必须沿分布圆周均匀地、逐步地拧紧，并控制好预紧力。按高强螺栓的使用要求安装螺栓。

①上支座与回转支承的螺栓应在回转机构小齿轮与大齿圈啮合间隙调整后再拧紧；

②回转支承的连接螺栓、下支座与塔身的连接螺栓都必须严格按说明书要求使用与预紧。

（4）安装臂架前段总成（图3-24）

臂架前段总成一般由大臂前段以及其余臂架总成等部件组成。吊装前，将大臂前段、其余臂架及连杆、液压缸装配在一起，臂架成折叠状态。液压管路要连接正确，各润滑点加足润滑油（脂）。混凝土输送管可靠固定，安全钩牢固地钩住钩座，管卡连接正确。

1）根据产品说明书或产品标示要求，选择合适的吊点吊装，以保证臂架前段总成的平稳就位；

2）就位后，将臂架前段总成与臂架后段总成按照产品说明书的规定进行连接和固定。连接螺栓的预紧力必须满足产品使用说明书的要求，连接销轴需穿定位销、开口销或压板固定，防止销轴松脱；

3）用管夹连接臂架前、后段总成之间的混凝土管路；

4）连接臂架前、后段总成之间的液压管路（图3-25），通常此处采用快装接头的连接方式，连接便捷；

5）连接紧固并检查确认后，方可松开吊钩。

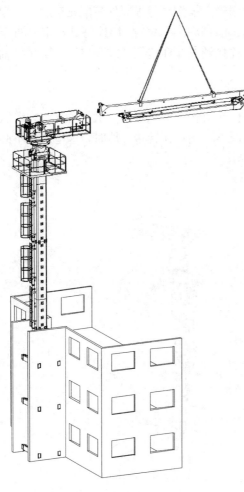

图3-24　安装臂架前段总成

注：若起重条件许可（如现场塔式起重机起重能力足够大），可将臂架后段总成与臂架前段总成在地面上安装为一体后，将其吊至上塔身安装。

（5）混凝土输送管的安装（图3-26）

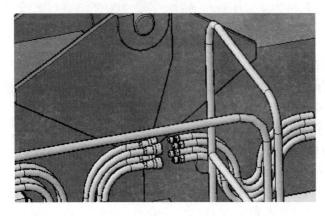

图3-25　连接液压管路

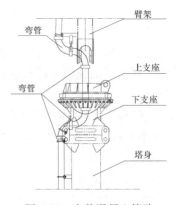

图3-26　安装混凝土管路

在装配塔身、上下支座和布料机臂时，大部分混凝土输送管（包括直管和弯管）已固定在相应部件上，并已用管卡连接。

布料机臂与上支座之间的混凝土输送管通过一个90°弯管连接。塔身上的混凝土输送管直接与下支座引出弯管用管卡连接，连接前管卡内应装入橡胶密封圈。

注意管卡安装后必须用开口弹性销锁住，确保安全。

（6）液压爬升系统的安装

参照图2-22爬升液压系统。

注：电梯井爬升式布料机在不具备爬升条件时，可以先将底架固定在坚固的钢筋混凝土基础上（图3-27），该混凝土基础要保证布料机工作时的整机抗倾翻稳定性。用户要严格按生产厂家产品使用说明书提供的基础图纸与技术要求制作基础，制作时应保证布料机塔身的垂直度要求。

当建筑物达到一定高度，具备爬升条件时，将爬升框架和固定框架分别安装到电梯井的预留孔中（图3-28），布料机脱离基础通过爬升装置，随建筑物向上爬升（图3-29）。

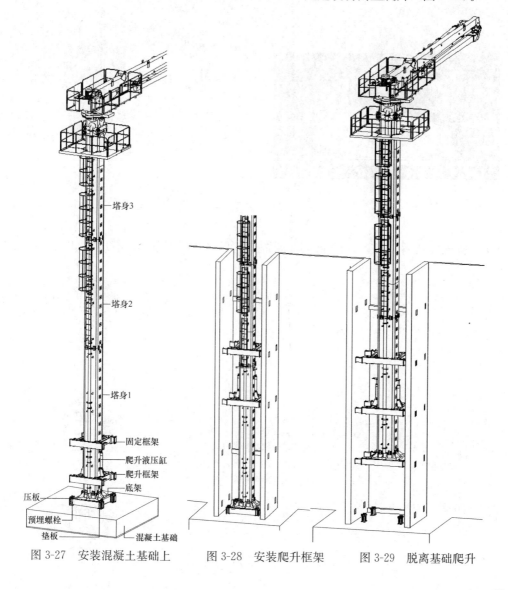

图3-27 安装混凝土基础上　　图3-28 安装爬升框架　　图3-29 脱离基础爬升

2. 楼板爬升式布料机的安装

在楼板适当的位置按产品使用说明书的要求设置预留孔（图 3-30），以便固定布料机并传递工作载荷。预留孔处的楼板必须能承受布料机的工作载荷，否则需要对楼板进行支护。布料机的工作载荷见产品使用说明书。

每一楼层设置一个预留孔，至少需要设置两层预留孔才能安装塔身，预留孔的设置要保证布料机塔身的垂直度。

楼层高度不符合厂家要求时，应向生产厂家咨询。

（1）安装爬升装置（见图 2-24）

楼面爬升装置是固定布料机并传递载荷、实现布料机爬升作业的装置。

通常情况下，楼板爬升式布料机有 3 个结构相同的爬升框架，可以互换使用。每个爬升框架一般分为对开的两部分，搬运及安装可以人工实现（图 3-31）。

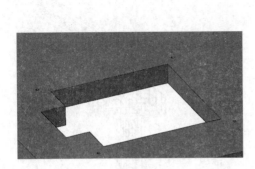

图 3-30 楼板预留孔

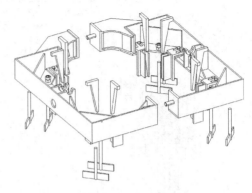

图 3-31 爬升框架

爬升框架安装后，用穿墙螺栓或固定锚栓将其固定在楼板的预留孔内（图 3-32）。

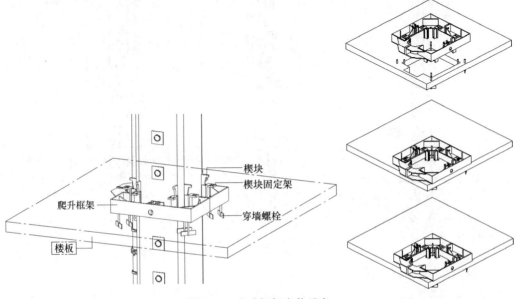

图 3-32 爬升框架安装示意

（2）安装下塔身（图 3-33）

1）用起重设备将塔身吊起插入爬升框架内；

2）在最下层的爬升框架处插入爬升大轴，支撑塔身；

3）利用楔块将塔身与爬升框架分别楔紧，固定好塔身；

4）爬升装置安装完毕后，将下面两层爬升框架处的楔块楔紧，保证塔身垂直稳定无松动。

（3）安装上塔身（图 3-34）

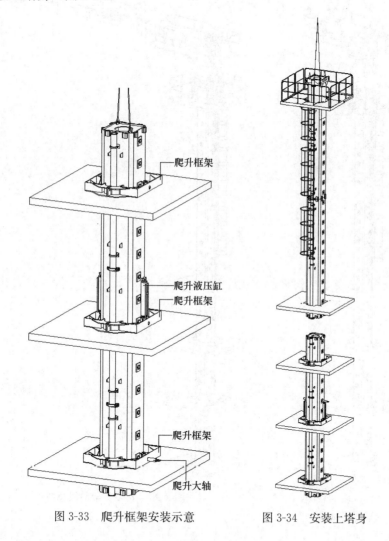

图 3-33 爬升框架安装示意 　　　　图 3-34 安装上塔身

（4）安装臂架后段总成（图 3-35）

（5）安装臂架前段总成（图 3-36）

（6）混凝土输送管安装

（7）液压爬升系统的安装

（3）～（7）这五部分的安装方式与电梯井爬升式布料机的(2)～(6)对应部分的安装方式与流程基本一样，可参考实施。

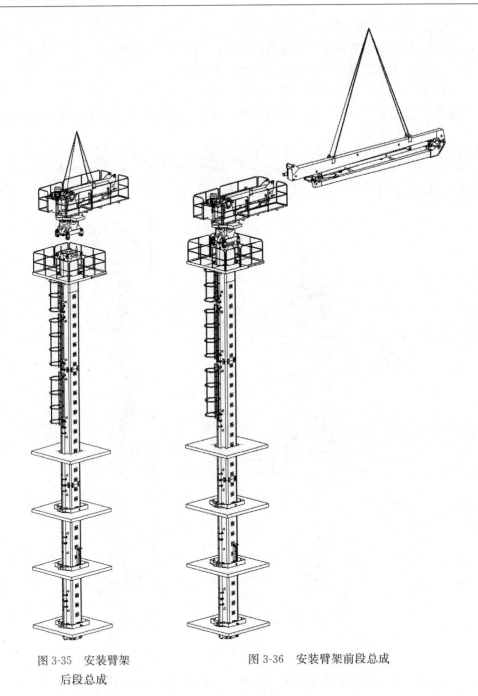

图 3-35 安装臂架　　　　图 3-36 安装臂架前段总成
　　　后段总成

注：楼板爬升式布料机在建筑物初期不具备爬升条件时，可以先用底架固定在坚固的钢筋混凝土基础上（图 3-37）使用，该混凝土基础要保证布料机工作时的整机抗倾翻稳定性。用户要严格按生产厂家产品使用说明书提供的基础图纸与技术要求制作基础，制作时应保证布料机塔身的垂直度要求。

当建筑物达到一定高度，具备爬升条件时，将爬升框架安装到楼板的预留孔中（图 3-38），布料机脱离基础和底架，通过爬升装置，随建筑物的升高向上爬升（图3-39）。

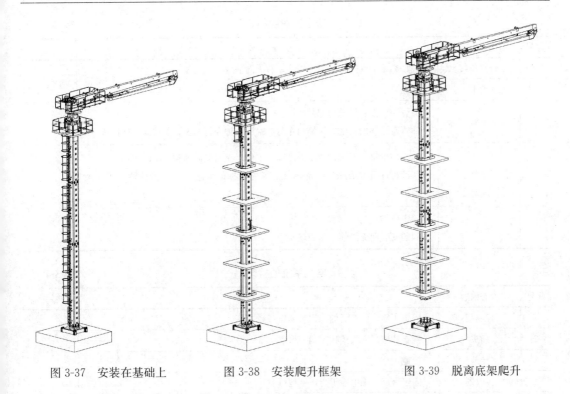

图 3-37　安装在基础上　　　图 3-38　安装爬升框架　　　图 3-39　脱离底架爬升

第三节　安装后的检查

布料机安装完成后，必须经过再次检查，方可通电试机和调试。检查内容及要求见表 3-2～表 3-4。

结构件的检查　　　　　　　　　　　　　　　　　　　　　　　　表 3-2

序号	检查内容	检查要求	备注
1	螺纹连接	检查螺栓紧固情况，用扭力扳手紧固到规定的预紧力值	
		垫圈、锁紧或防松件不得遗漏	
		所有紧固件的强度级别和表面处理要符合要求	
2	销轴连接	所有销轴按要求固定（如使用开口销、卡圈、螺栓、锁紧垫圈、轴端挡板等方式）	
		各活动铰接点充分润滑	
3	焊接	有无开焊，焊缝附近的母材无裂纹	
4	受力件	所有受力的杆件、板件无损坏、失稳、塑性变形等迹象、爬升框架楔块要楔紧	
5	爬梯、平台等	爬梯及护圈、平台与栏杆、走道、扶手等均完好无损坏，固定牢靠	
6	管卡	连接位置正确并已按要求安装了橡胶密封圈、安装后锁紧牢固	
7	臂端软管	连接可靠，安全绳有效连接	
8	管路固定架	所有固定架与管路接触处都加了缓冲减震垫，固定卡箍已紧固	
9	运动情况	回转机构、臂架及其输送管动作正常，无附加力和变形，无异常响声	

37

液压系统的检查　　　　　　　　　　　　　　　　　　表 3-3

序号	检查内容	检查要求	备注
1	管路连接	现场组装的管路连接是否正确，有无漏油或渗油现象	
2	管卡	紧固可靠	
3	油管	油管表面没有任何物理损伤； 油管有足够的长度，臂架动作时油管不会被强行拉扯，不被运动件挤压	
4	泵站	油面高度符合要求，油箱无渗漏，工作时无明显振动和异常响声； 从液位计目测液压油的清洁度，可能超标的要进行进一步检测并更换液压油	
5	阀板	固定可靠； 阀的安装面无渗油、漏油现象	

电气系统的检查　　　　　　　　　　　　　　　　　　表 3-4

序号	检查内容	检查要求	备注
1	控制柜	固定可靠，各开关的标识与动作一致	
2	插头	所有插座、插头连接正确、可靠	
3	接地	接地可靠	
4	接收器	固定可靠，无电磁干扰，接地可靠	
5	电缆与走线	电缆、电线表面无物理性损伤； 电缆留有足够的长度，在布料机回转时随动，不被强行拉扯	
6	连接线路	依次检查： ① 控制柜-电磁阀； ② 控制柜-回转安全限位器、滤油报警器； ③ 控制柜-臂架泵站电机； ④ 控制柜-有线操纵盒（或无线遥控接收器）； ⑤ 控制柜-工地电源（现场接线）	
7	电源	供电电源电压满足 380（＋10，－5）V，50Hz； 容量大于布料机的使用要求	

第四节　调　试　与　试　运　转

一、调试与试运转前的准备

调试与试运转开始前，安装人员必须按本章第三节的内容以及使用说明书的规定，对布料机进行详细检查。

调试与试运转开始前，必须确认安装过程用的索具均已摘除并已脱离布料机存放，各部位没有遗漏的工具和杂物。

布料机启动前应对周边环境进行全面检查，确保在布料机工作范围内无障碍，以消除所有安全隐患。

二、电控系统的调试与试运转

布料机的电控系统在接通电源后，必须先经过液压系统空载运转，运转正常后，才能进行设备动作控制调试。

1. 电控系统介绍

(1) 布料机的电控系统通常有三种控制方式：面板控制方式、有线控制方式及无线遥控方式，每个厂家配置不一样，出厂之前一般已经安装调试完毕；

(2) 为便于操作和维护，电气控制柜通常安置在回转支承上部的平衡臂或操作平台上；

(3) 控制柜操作面板通常由"功能按钮"、"选择开关"、"急停开关"等操作按钮组成，见图 3-40（a）；

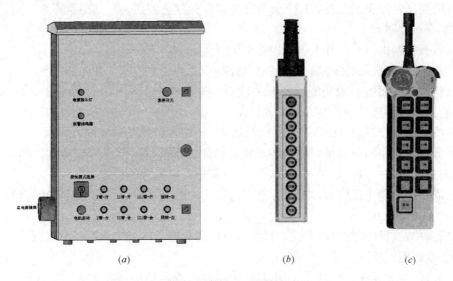

图 3-40 布料机的电控方式

（a）电控柜门上的控制面板；（b）有线控制器；（c）无线控制器

(4) 为了防水防潮，设备的"总电源开关"一般设置在控制柜内部；启动设备时，需打开柜门后才能打开"总电源开关"；打开"总电源开关"后，关闭并锁住柜门，才能进行其他操作；

(5) 通常电气系统内设有电源相序保护器，避免因供电相序不正确而导致布料机无法正常工作；

(6) 控制柜通常设有总电源插座、有线控制器插座、无线遥控接收器信号插座，以及电机、阀组的动力和控制线出口。

2. 调试与试运转

(1) 控制柜面板控制方式

控制柜面板控制，通常在设备安装、调试、维修阶段使用。

1) 在确保供电电源符合布料机的要求，接线全部正确及所有开关全部断开的基础上，合上工地电源开关；

2) 打开控制柜门，合上控制柜内总电源开关；

3）观察控制柜内相序检测器，如果绿灯亮，则电源相序正确，否则应检查调整电源相序；

4）将功能选择开关置于面板控制位置；此时只能通过控制柜面板操作布料机，其他控制方式失效；

5）将标有"开关泵站电机"的红色按钮复位，此时泵站电机应旋转，否则应检查各闭点接触是否良好；

6）检查电机旋转方向是否正确，如遇电机反转情况（一般情况下电机上面应该有转向标识），将接控制柜的电机电缆线中的任意两相对调；

7）分别点动控制布料机回转和各节臂运动的工作按钮，检查所按动作指令是否与布料机相对应的动作一致，如果不一致，调整控制柜—电磁阀的接线（这种情况一般不会出现在新设备上）；

8）需要泵站停止工作时，按下标有"总停"的红色按钮，泵站电机停止转动。

（2）有线控制方式

1）打开控制柜门，断开电气箱内总电源开关；

2）将有线控制器的线缆插头插入电气控制柜上的对应插座，并保证接触良好；

3）将控制柜面板上的功能选择开关旋至"有线控制"档位，然后合上总电源开关。此时除有线控制器外其他控制方式失效；

4）按动有线控制器（图 3-40b）上"启动"按钮，启动泵站电机；

5）分别点动控制布料机回转和各节臂运动的工作按钮，检查所按动作指令是否与布料机相对应的动作一致，如果不一致，调整控制柜—电磁阀的接线；

6）需要泵站停止工作时，按下标有"总停"的红色按钮，泵站电机停止转动。

（3）无线遥控方式

无线遥控是最理想的控制方式，操作者可以选择施工区域中最有利的位置来控制布料机，便于观察施工状况，安全作业。

在每次使用无线遥控器（图 3-40c）之前，要检查电池电量是否充足，及时更换电池或充电。

1）打开控制柜门，断开总电源开关，将控制柜面板上的功能选择开关旋至"无线控制"档位，再合上总电源开关；此时除无线遥控器外其他控制方式失效；

2）打开无线遥控器的电源按钮，如果遥控器上的电源指示灯显示不正常，则检查是否电量不够或其他故障，彻底排除问题至指示灯显示正常方可使用；

3）按动无线控制器上"启动"按钮，启动泵站电机；

4）分别点动控制布料机回转和各节臂运动的工作按钮，检查所按动作指令是否与布料机相对应的动作一致，如果不一致，调整控制柜—电磁阀的接线；

5）需要停止工作时，按动无线控制器上的红色 OFF 按钮，泵站电机停止转动。

注：在调试中出现任何问题，请按控制柜上的红色"急停"按钮，泵站电机系统将断电，此时可进行故障检查。检查时请详细阅读电气原理图。

三、液压系统

1. 液压泵空载运转

启动泵站电机，保持空载运转 10～20min，检查泵站工作是否平稳、有无异常声响；

观察压力表，液压系统压力一般不应大于 2～3MPa。

2. 试运转与调整系统压力

通常情况下布料机的液压系统压力在出厂前已经调好，但设备在运转过程中仍需认真检查系统压力，如有变化需进行调整。

（1）严格按照产品说明书的要求进行设备试运转；

（2）试运转过程中要随时观察压力表，确认系统压力无异常；

（3）运转中若出现布料机的臂架无法展开或收回等情况，查看压力表读数，如果压力值低于说明书规定的压力值，则需要调整系统压力；如果压力接近或等于说明书规定的系统压力，则应立即停止操作，检查布料机结构是否有干涉或有阻碍布料机动作的障碍物；如果不能解决问题，立即与生产厂家联系；

（4）需要调整系统压力时，按动按钮使其中一根液压缸憋压，慢慢调整液压系统的溢流阀，观察压力表指针直至显示的压力值达到布料机铭牌或使用说明书要求的系统压力值，最后锁定安全阀调压螺钉。

注：①试运转过程中绝对不能关闭压力表开关；

②调整的压力值绝对不允许超过系统规定的额定压力。

3. 动作速度的调整

通常情况下，布料机各执行机构的运动速度在出厂前已经调定，但由于地区环境、温度的影响及其他因素造成动作速度变化，设备现场试运转时出现速度过快或过慢现象，可以进行适当调整。

（1）调整原则：按照布料机说明书中要求的整机回转速度及各臂节的动作速度，如没有规定，则尽量使速度慢一些，动作平稳才能更好地满足施工作业的要求；

（2）臂架运动速度的调整方法：逐一操纵各臂节的"油缸伸/缩"控制按钮，观察臂的动作速度，通过调整该臂液压缸上的平衡阀，使其下降速度与上升速度尽量接近；

（3）臂架回转速度的调整方法：将臂架完全展开，沿水平方向伸直，操纵左右回转按钮，观察回转速度，调整液压马达上的节流阀，使臂架左右回转速度平稳，就位稳定，符合施工作业的要求。

注：不管回转速度还是臂架的俯仰速度，动作速度过快不但不能提高作业效率，反而会增加臂端橡胶软管准确就位的难度，也会给安全作业带来隐患。

第五节　设 备 验 收

布料机安装、调试、试运行完毕后，需要由施工单位项目部组织监理单位、安装单位、使用单位有关人员对布料机进行验收。

布料机验收合格后，方可投入使用。

第四章　设　备　操　作

布料机操作人员在使用设备前，必须仔细阅读该布料机的使用说明书，理解其安全须知、产品基本常识、作业规定，同时遵守施工管理规定和岗位规程，做好技术交底，保证相适应的健康条件，做到安全作业和正确操作，做好设备的维护保养工作。

第一节　操 作 基 本 条 件

布料机安装完毕，经过调试与试运转并验收合格后即可投入使用。使用前必须确认下列保证布料机正常使用的基本条件得到满足：

（1）第三章第一节的第一部分环境条件；

（2）第三章第一节的第二部分电源条件；

（3）第三章第一节的第五部分现场作业空间条件。

第二节　操 作 人 员 条 件

为确保正常、安全作业，操作人员在能够遵守第一章岗位认知的从业要求和职业道德常识的前提下，需要具备从业的基本条件并经过学习与培训，掌握相关的专业技能，合格后方能上岗。

一、基本条件

（1）年满 18 岁，身体健康，智力健全，具有操作布料机的体格；

（2）良好的视力、听力和反应能力；

（3）具有判断距离、高度和间隙的能力；

（4）有责任心，能胜任该工作；

（5）不能服用可能改变身体或精神状况的物品，如抑制反应的药品、酒精、毒品等；

（6）对于安装在机动车底盘上的布料设备的操作者，如果要驾驶车辆，具有相应级别的驾驶执照。

二、具备专业技能

（1）了解布料机基本知识；

（2）仔细阅读布料机的使用说明书（或使用操作手册）；

（3）有现场安装、调试及操作技能；

（4）了解设备检查、维护保养常识；

（5）知晓混凝土泵送及浇筑流程、方法以及相关安全规程；

（6）有应急处理知识；

（7）理解施工现场常见标志与标识；

（8）完全了解信号员的职责并理解信号。

具备上述基本条件，通过学习与培训满足上岗要求并获得授权后，方可上岗操作布料机。

第三节 操作前的检查与准备

布料机每次使用前应进行例行检查，以确保安全作业。

1. 安放与固定

（1）安放在支撑面工作的布料机（如移动式布料机），支撑面必须坚实、平整，满足布料机对支撑面受力要求；

（2）对固定在墙体（如内爬式、附着式布料机）、楼板、基础及支撑面上使用的布料机，作业前要检查固定点是否牢固。

2. 布料机机构与结构件的检查

（1）混凝土输送软管应有安全绳与臂架末端牢固连接；

（2）带支腿的移动式布料机的支腿应按使用要求打开并锁紧，支脚垫实，配重按要求配备；

（3）检查零部件的磨损情况，尤其是混凝土管路，必要时更换；

（4）检查混凝土管路上的各管卡是否扣紧并锁死，管卡是否有裂纹、断裂等损坏，如发现应立即更换；

（5）检查各主要连接处的紧固件的锁紧情况；

（6）每个活动的铰接处及时添加润滑脂；

（7）布料机的扶梯、平台及踏板应保持清洁、畅通，不得存有油污、冰雪、积水及障碍物；

（8）浇筑作业前先进行整机试运转，臂架展折与回转要灵活，无干涉和异响。

3. 液压与电气系统检查

（1）检查液压泵站的油位，必要时添加液压油；

（2）保持各液压元件的清洁；

（3）控制柜和插座应注意防水、防尘；

（4）电气接地良好；

（5）通过整机运转，观察液压管路各接头有无渗漏油现象,阀与阀座之间有无渗漏油现象；

（6）工作时电控箱门必须关好。

第四节 作 业 操 作 流 程

一、手动布料机的操作

手动布料机结构简单，不涉及液压、电气系统，作业时，由操作人员分别推动前后两节臂架，使布料机的出料口到达所需浇筑点即可。

手动布料机一般用于平面布料。

二、液压布料机的操作

1. 控制方式

液压式布料机由电气系统控制液压执行元件，驱动臂架展折、回转、爬升等各种运动。

液压式布料机的控制方式分为面板控制、有线控制和无线遥控三种，布料机一般配备2～3种控制方式。

无线遥控是常用操作方式，使用灵活方便。

有线控制和面板控制方式大多在设备检修、遥控器没电或发生故障时使用。

三种控制方式的操作步骤与第三章第四节的第二部分电控系统的调试与试运转一致，准备工作前，通过电控箱上的"控制模式选择"按钮选择要控制方式进行作业。

注：不同厂家布料机的控制方式可能都有所差异，实际操作前要先认真阅读厂家提供的产品使用说明书或使用操作手册，不要盲目使用。

2. 操作流程

下面以比较常见的三节卷折式臂架为例，说明布料机作业的操作流程。

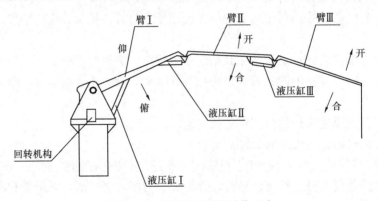

图 4-1　三节卷折式臂架动作示意

臂架展开工作的流程　　　　　　　　　　　　　　　　　　　表 4-1

序号	动作	操作方法	图示
1	展开臂Ⅰ	操纵按钮"Ⅰ臂-伸"，臂架Ⅰ液压缸伸出，臂架Ⅰ抬起，直至安全钩自动脱钩	安全钩
2	展开臂Ⅱ	操纵按钮"Ⅱ臂-伸"，臂Ⅱ液压缸伸出，臂Ⅱ抬起	

续表

序号	动作	操作方法	图示
3	回转	操纵按钮"旋转-左"或"旋转-右",液压马达工作,使臂架回转至需要的方位	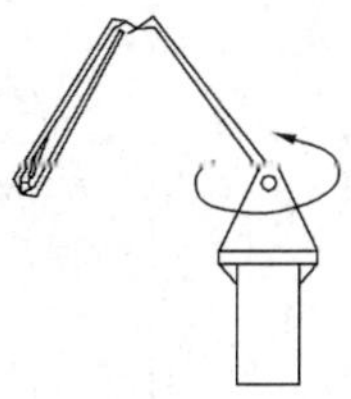
4	展开臂Ⅲ	操纵按钮"Ⅲ臂-伸",臂架Ⅲ液压缸伸出,臂架Ⅲ展开	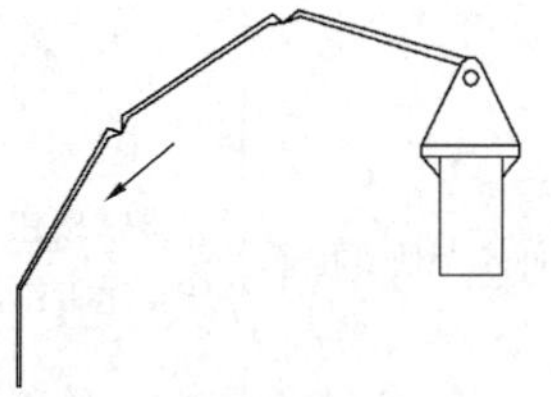
5	定位浇筑点	调整各臂节伸缩及回转按钮,使臂Ⅲ前端的橡胶软管端部达到待浇筑位置	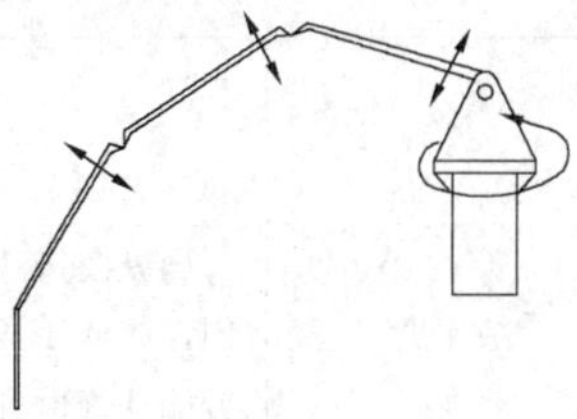
6	浇筑位置调整	在浇筑时注意根据现场浇筑情况及时操纵其中的按钮,使臂Ⅲ前端的橡胶软管出料口满足混凝土浇筑的要求	

臂架收回的流程 表 4-2

序号	动作	操作方法	图示
1	收回臂Ⅲ	操纵按钮"Ⅲ臂-收",臂架Ⅲ液压缸缩回,收回臂Ⅲ	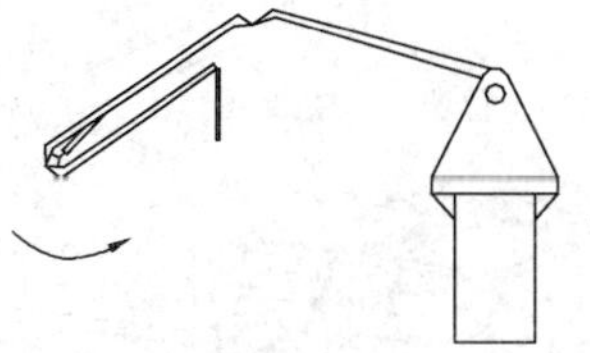
2	仰起臂Ⅰ	操纵按钮"Ⅰ臂-伸",臂Ⅰ液压缸伸出,抬起臂Ⅰ至 $60°\sim80°$	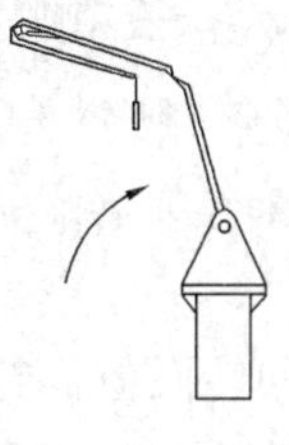

续表

序号	动作	操作方法	图示
3	收回臂Ⅱ	操纵按钮"Ⅱ臂-收",臂Ⅱ液压缸缩回,收回臂Ⅱ	
4	回转至所需位置	操纵按钮"旋转-左"或"旋转-右",液压马达工作,使臂架回转至所需方向	
5	放平臂Ⅰ	操纵按钮"Ⅰ臂-收",臂架Ⅰ液压缸缩回,使臂Ⅰ放平,安全钩自然钩住钩座,臂端软管也自然置于托架上	安全钩

3. 注意事项

(1) 开始启动设备时,应先让液压泵空转一段时间,如果气温较低,则空转的时间应适当加长,并要求液压油温升至15℃以上后才能正常工作。

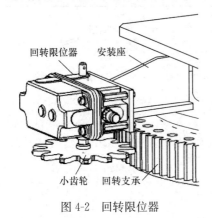

回转限位器　安装座

小齿轮　回转支承

图 4-2　回转限位器

(2) 布料机臂架开始动作时,要先将臂Ⅰ举升至一定角度,安全钩自动脱钩后方可进行其他臂节的动作。

(3) 为避免布料机与塔式起重机等设备发生碰撞、回转时油管或电缆过度缠绕而发生故障,布料机一般安装有回转限位器 (图 4-2),可根据现场情况设定回转位置限制。

工作时,如果向一个方向回转达到了报警位置,回转动作会自动停止,此时应进行反向回转。

回转限位器的调整:

1) 用一字螺丝刀,松开回转限位器四个角上的螺栓1,打开回转限位器封盖 (图 4-3、图 4-4)。

2) 看到回转限位器内接线柱上有一组白色凸轮4以及相对应的工作触点5 (图 4-5)。

图 4-3 回转限位器调整（一）

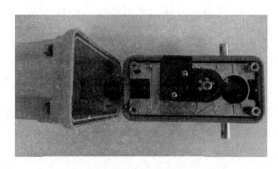

图 4-4 回转限位器调整（二）

图 4-5 回转限位器调整（三）

图 4-6 回转限位器调整（四）

此时先松开螺母 2，以便调整回转限位。

往任意方向（左/右）旋转布料机，在转动的过程中用螺丝刀拨动已接好线的相应触点 5，在下压触点时，回转动作停止，说明此触点是控制这方向回转动作停止的。此时将布料机臂架沿此方向旋转到应该停止的位置，用一字螺丝刀，按回转臂架时凸轮 4 的旋转方向旋拧螺钉 3（共四个，分别控制四个凸轮的位置），到凸轮触头顶开相对应的触点 5 为止，然后反方向回转臂架，使触点复位，再往须停止方向旋转臂架，看限位器工作时停止位置是否满足要求，如需调整可再次拧动螺钉 3 调整。

调整好一个方向后，旋转臂架到另一个方向，调整另一个方向的凸轮触点，调整方法同上。

3）两方向调整好后，左右分别旋转臂架，检查工作停止位置是否满足要求，如果满足，再将螺母 2 拧死，防止回转时位置变化。

4）盖好限位器封盖。

（4）每一个控制按钮都执行一个动作，在操作时每次只能按一个按钮，即完成一个动作后再进行下一个动作，以免布料机工作时出现误动作。

（5）在浇筑混凝土过程中布料机的臂端软管不允许过度折弯。

（6）在浇筑过程中不允许检查或松动混凝土管路的管卡，并应尽可能远离布料臂，各种检查应放在施工后进行。

（7）在工作过程中如果发现布料臂有沉降现象，应立即停止作业进行检查并排除故障。

（8）切勿使砂石等异物落入回转支承中，以免损坏机器。

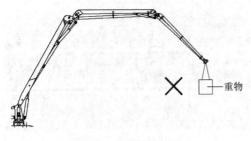

图 4-7　禁止吊载重物

（9）布料机在任何情况下都不得作为起重设备使用，如吊载、拖拽重物，如图 4-7 所示。

（10）需要泵站停止工作时按下面板上的红色紧急停止按钮即可。

（11）操作按钮时应平稳、柔和，禁止连续点动按钮，以避免臂架产生较大幅度的振动。

（12）布料机臂架收回时，应确认安全钩生效。

（13）当操作遇有异常情况时应立即停机进行检查。

（14）操作者离开操作位置时，应当关闭设备电源，将操纵控制器锁好，避免因他人私自操作启动机械设备导致事故。

（15）浇筑混凝土时，前端橡胶软管出口调整到比浇筑面高 0.4～1m 较为适合。软管出口距浇筑面太高容易造成混凝土的跌落离析，太低有可能堵塞出口。应注意及时摊铺下落堆起的混凝土，尤其是浇筑水平面时。

（16）混凝土泵送施工是通过混凝土泵的泵送与布料机的布料作业共同完成的，因此，布料机与混凝土泵要衔接好，包括：①每次泵送混凝土之前，为防止堵管，先泵送清水和水泥砂浆湿润管壁；②浇筑作业暂停时，为保持混凝土的流动性，降低输送管内压力，应进行适当的反泵操作；③较长时间停止作业时，为防止混凝土分离和凝固，应周期性地进行正、反泵操作；④如果长时间停歇时，应将混凝土吸回料斗，搅拌再泵送；⑤如果发生管路堵塞，应立即反泵操作，但次数不宜过多，否则堵管会更加严重。此时要采用其他手段及时排除故障。布料机操作人员要与混凝土泵操作者配合好，做好各项工作。

第五节　作业位置移动

一、转移目的

（1）通过转移作业位置而满足更大作业范围的混凝土浇筑需求；

（2）通过在不同工位之间的转移而实现不同区域的混凝土浇筑需求；

（3）通过作业位置的提升而持续满足建筑物施工作业面不断升高的要求；

（4）满足其他工程混凝土浇筑的需求。

二、转移方式

1. 通过起重设备转移

通过起重设备转移的布料机通常有以下几种形式：

（1）移动式（支腿式）布料机。一般臂长较短，重量轻，使用时不需要固定，可直接放置在楼板、平台等坚固的支撑面上使用。虽然移动式布料机作业范围小，但由于可用塔式起重机等起吊设备方便地移动作业位置，安放灵活，从而能够很好地实现较大范围作业面的浇筑需要，因此在高层建筑上运用非常广泛，是典型的需要经常转移作业位置的布料机；

（2）固定式布料机：布料机每次移位后需要重新固定。

固定式布料机一般有两种转移方式：

1）平面移动，将布料机安装在专用的混凝土基础上（或钢平台上等），根据施工需要，用起重设备将布料机在不同的基础之间转移（如果起重设备的起重量足够大，可以将布料机与基础一起转移），以实现大跨距、多工位施工现场混凝土的浇筑。目前此形式布料机普遍应用于高铁制梁场，在水利、港湾等大范围混凝土施工中也较为常用。

2）垂直移动，将布料机固定在电梯井、楼板或附着在墙体上，随着建筑物的升高而通过塔式起重机向上提升，提升后按要求固定好，则可实现上一层面混凝土的浇筑。

2. 通过布料机自身动力移动或爬升

（1）爬升式布料机：爬升式布料机一般安装在建筑物电梯井或楼板的预留孔内使用，可随楼层的升高而自行向上爬升，是目前高层建筑施工中最常用的布料机之一。

爬升式布料机配备有液压爬升装置，当建筑物向上浇筑到一定高度且楼板或电梯井道允许承受布料机载荷时，布料机即可向上爬升。

（2）轨道式布料机，安装在专用的行走台车上，通过自身的行走机构在铺设的轨道上自动行走。

（3）车载式布料机，装在汽车底盘上的布料机，可自行转移作业位置。

（4）履带式布料机，装在专用的履带底盘上的布料机，可根据作业需要自行转移作业位置。

3. 通过其他设备或人力拖动移位

将布料机安装在装有轮胎的专用底架上或在布料机支脚下面安装轮子，通过人工或设备拖拽转移位置。

三、布料机移动前须具备的条件

（1）布料机处于完全收回状态，切断动力电源；

（2）所有开关均处于非工作状态；

（3）锁紧控制柜门，必要时对泵站和液压阀组进行包装或围护；

（4）妥善放置电缆线、液压油管等易损件，或采取必要的保护措施；

（5）根据说明书要求选择适合的起重设备和吊具。

四、布料机现场移位说明

下面主要介绍最常用的移动式（支腿式）布料机与爬升式布料机现场移位步骤。

1. 移动式（支腿式）布料机

（1）满足本节第三条设备转移前应具备的条件。

（2）对布料机新的安放位置进行支护、平整，达到布料机安放对支撑面的要求。

（3）断开与布料机连接的混凝土管路。

（4）吊装移位：认真阅读产品使用说明书中关于设备吊装的说明与注意事项，确认好设备上的吊点位置，搞清不同的吊点组合针对的部件（或整机）及重量，严格按照要求进行整机或分部吊装。

支腿式布料机一般采用两种方式吊装移位：

1）起重设备的起重能力允许的情况下，可以整机吊装移位（图3-10）；

2）配重与设备分开吊装：先将配重吊离，然后设备移位，最后将配重吊装到布料机上（图3-9）。

注：①在起重设备吊装能力不足以按要求吊装的情况下，严禁私自拆分设备进行移位，否则会产生很大的安全隐患，必要时可与厂家联系；

②必须拴溜绳控制方向；

③不能私自改变吊点位置。

（5）布料机转移到新的位置后，检查是否安放稳妥，整机是否完整。

（6）连接混凝土管路（图3-11）。

（7）进行操作前设备与工作环境例行检查。

（8）连接电源，进行验收。

其他形式布料机的吊装移位步骤大致相同，固定式布料机转移到新的位置后要按要求固定好，轨道式布料机移位后需要先制动，轮式布料机移位后一般要先展开并撑起支腿，使轮胎离地后才能进行接管等其他工作。

2. 爬升式布料机

爬升式布料机配备有液压爬升装置，当建筑物向上浇筑到一定高度且楼板或电梯井道允许承受布料机载荷时，布料机即可向上爬升。

爬升作业是爬升式布料机非常重要的一个环节，要严格按照厂家使用说明书的要求，确保安全作业。

布料机每次爬升的高度由布料机塔身高度及楼层高度决定，一般每浇筑1个或2个楼层向上爬升一次。

（1）爬升操作注意事项

1）确认两个楼层之间的距离不能小于厂家要求的距离，否则要与厂家联系；

2）布料机臂架折叠收起，转至与2个爬升液压缸的连线成90°的方向，按厂家使用说明书要求的角度仰起大臂；

3）拆除塔身下部混凝土输送管的管卡，使其不妨碍爬升；

4）检查相关楼面，不得有妨碍塔身向上移动的障碍物；

5）把两个爬升液压缸安装在爬升框架上；

6）安装后应仔细检查各连接销轴的锁定及螺栓的紧固。

（2）电气系统的准备

爬升操作前，将电源总开关断开，将功能选择开关置于"爬升"位置。

注：转换"功能选择开关"前，一定要关闭总电源或将"急停按钮"按下，否则会导致重大安全隐患。

（3）液压系统的准备

在液压泵站电机工作之前，严格按照说明书要求连接爬升液压系统。

（4）楼板爬升操作程序

操作人员位于爬升液压缸所在的楼面上，通过手动换向阀的手柄来控制液压缸活塞杆的伸缩，以实现步进爬升。

1）确认控制选择开关旋至"爬升"位置，启动液压泵电机；

2）操纵手动换向阀使液压缸活塞杆向上伸出直至其头部的半槽托住上爬升大轴，液压缸继续微伸，下爬升大轴松动，把它拔出来（图4-8）；

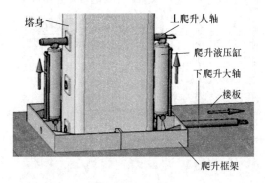

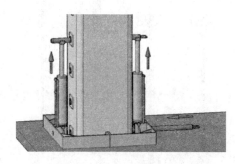

图4-8　爬升过程（一）　　　　　　　　　图4-9　爬升过程（二）

注：此过程必须缓慢进行，注意观察。

3）继续操纵手动换向阀，使液压缸活塞杆上升，待下爬升框架孔和塔身上的孔对上后即停止动作，往对齐的孔中插入下爬升大轴（图4-9）；

4）将液压缸完全收回，此时爬升框架上的下爬升大轴完全支承整机重量；拔出上爬升大轴，插入到下面一个爬升孔中（图4-10）；

5）重复步骤2）~4），完成第二个爬升行程；

6）重复2）~5），使布料机一步步向上爬升。

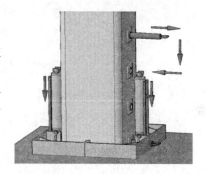

图4-10　爬升过程（三）

布料机工作时必须由下面一层的爬升框架及爬升大轴承受布料机的重量。

楼板爬升式布料机爬升工作流程示意如图4-11所示，此示意图为每浇筑2层爬升一次。

爬升过程中的图示说明：

图示1：布料机固定在基础上时的工作状态；

图示2：将爬升框架及爬升液压缸固定在第2层，另一爬升框架固定在第4层，作好爬升准备；

图示3：爬升，脱开基础，连续爬升2层；

图示4：进行混凝土施工作业，浇筑2层，将第三个爬升框架固定在第6层楼板的预留孔内；

图示5：将爬升液压缸由第2层移到第4层的爬升框架上，作好爬升准备；

图示6：同图示3一样，爬升2层；

图示7：重复图示4，进行混凝土施工作业，浇筑两层，将图示6爬升后留下的框架固定在第8层楼板的预留孔内；

图示8：将爬升液压缸由第4层移到第6层，作好下一次爬升准备。

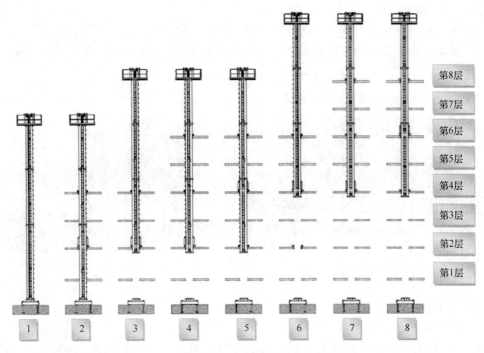

第8层
第7层
第6层
第5层
第4层
第3层
第2层
第1层

1　2　3　4　5　6　7　8

图 4-11　楼板爬升式布料机爬升工作流程示意

（5）电梯井爬升操作程序

操作人员位于爬升液压缸所在的楼面上，通过手动换向阀的手柄来控制液压缸活塞杆的伸缩，以实现步进爬升。

1）确认控制选择开关旋至"爬升"位置，启动液压泵电机；

2）操纵手动换向阀使液压缸活塞杆向上伸出直至其头部的半槽托住上爬升大轴，液压缸继续微伸，下面爬升半轴松动，把它拔出来（图 4-12）；

3）继续操纵手动换向阀，使液压缸活塞杆上升，待爬升框架孔和塔身上的孔对上后即停止动作，往对齐的孔中插入爬升半轴（见图 4-13）；

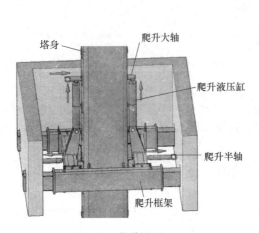

塔身
爬升大轴
爬升液压缸
爬升半轴
爬升框架

图 4-12　爬升过程（一）

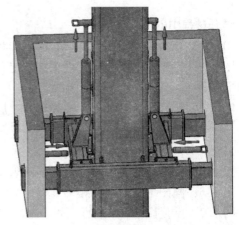

图 4-13　爬升过程（二）

4）将液压缸完全收回，此时爬升框架上的爬升半轴完全支承整机重量，拔出上面爬升大轴，再插入下一个爬升孔（图4-14）；

5）重复步骤2）～5），完成第二个爬升行程；

6）重复2）～5），使布料机一步步向上爬升，直至达到所需要的位置。

爬升一个或两个楼层高度所需的液压缸工作循环次数根据液压缸行程及楼层高度而定。

爬升完成后，布料机由底架支撑，并将底架支腿固定到电梯井的竖墙上。将爬升液压缸的软管从塔身平台上的快速接头处拆

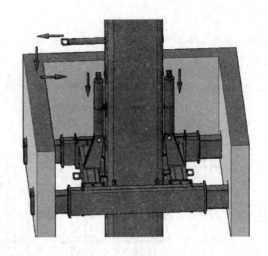

图4-14 爬升过程（三）

开，上部分提升到上支座平台上，下部固定在塔身平台上。

布料机转入浇筑作业之前应将操纵面板上的控制开关转向工作状态。

爬升框架的提升：

1）用手拉葫芦或塔式起重机等设备将固定框架拉住，收回其伸缩梁并用销轴固定；

2）用手拉葫芦沿塔身两侧将固定框架均匀地提升到设备要爬升的最上端处（如第6层），将伸缩梁伸出，支撑到墙体预留孔内，用销轴固定后并用楔块与墙体楔实；

3）提升爬升框架前，应检查固定框架与建筑物预留孔是否安装牢固，其伸缩支腿与墙体间是否用楔块楔实；

4）将爬升框架伸缩梁收回并用销轴固定，用手拉葫芦沿塔身两侧将其均匀地提升到设备要爬升的楼层（如第5层），将伸缩支腿伸出，支撑到墙体预留孔内，用销轴固定后并用楔块与墙体楔实，为布料机爬升作准备。

注：布料机工作时必须由底架承受布料机的重量。

电梯井爬升式布料机爬升工作流程示意如图4-15所示，此示意图为每浇筑2层爬升一次。

图示1：布料机固定在基础上时的工作状态；

图示2：将爬升框架及爬升液压缸固定在第3层，固定框架固定在第4层，作好爬升准备；

图示3：拆开与底架连接的预埋螺栓，与基础脱开，布料机与底架一同连续爬升2层。爬升到位后支出底架的伸缩梁，将其固定在第2层；

收回爬升液压缸，由底架承受布料机的重量；

图示4：进行混凝土施工作业，浇筑2层；

图示5：将固定框架用塔式起重机或手（电）动葫芦提升到第6层，支出伸缩梁并固定；

图示6：将爬升框架用手（电）动葫芦提升到第5层，支出伸缩梁并固定；

图示7：同图示3一样，爬升3层。

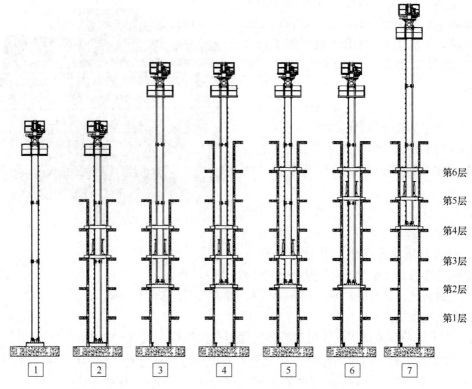

第6层
第5层
第4层
第3层
第2层
第1层

图 4-15　电梯井爬升式布料机爬升工作流程示意

第六节　设备转场运输

当布料机需要转移工地、入库存放或回厂大修保养时，一般需要同进场时一样，合理分解成便于拆装、运输的几个部分。厂家产品使用说明书一般有部件详细介绍及运输说明，设备进场时的接收单也是设备转场运输很好的参考。

注：① 设备拆卸时必须严格按产品使用操作手册或使用说明书的要求，分解成几个部分；

② 拆卸或吊装前确认设备处于非工作状态，切断电源，并对设备进行必要的防护处理以满足吊装要求（如锁紧控制柜门、固定好臂端橡胶软管、收好电缆线等）；

③ 检查各连接件的紧固情况，尤其是易松动、易脱落部分的锁紧情况，如支腿式布料机支腿销轴的连接情况；

④ 起吊各部分时要先弄清吊点、重量，不能盲目吊装；

⑤ 布料机回转部分应锁定，布料臂的安全挂钩应有效挂好；

⑥ 拆卸下来的各连接件、操作盒及电缆、工具等应妥善包装运输；

⑦ 设备的运输应符合交通管理部门规定，包括长度、宽度、高度及重量；

⑧ 设备与运输车辆应进行可靠的捆绑和固定。

第五章 日常维护保养

第一节 维护保养要求

（1）为保证布料机安全、可靠地工作，操作人员应按使用说明书的规定对机器进行维护保养；

（2）每次维护或保养后，应按说明书的要求进行工作前的例行检查和试车；

（3）进行维护与保养时，必须提前切断电源；

（4）在维护或维修液压缸时，必须将相应构件进行可靠的固定或支撑，避免其自行移动、跌落等；

（5）维护或维修液压系统时必须注意保持各元件（管路、管卡、密封件等）的清洁，安装前均应进行清洗；

（6）一般性的维护与保养不需要对液压系统的压力进行调节；

（7）如果需要对某些液压阀组进行调节，必须在熟悉本系统的专业人员（如生产厂家的专业人员）的指导下进行。

第二节 维护保养周期

按表 5-1 进行布料机的日常维护与定期维护。

布料机维护检查周期表 表 5-1

时间间隔	内　　容
每天（或满 10h）	1. 目测整机外观，结构有无明显变形，查看各连接销轴是否完好并锁定，焊缝是否正常，是否有明显物理性损伤等； 2. 运动过程中有无异常响声； 3. 检查臂端安全绳的可靠性； 4. 所有液压元器件的外部清洁程度，特别是液压缸活塞杆的清洁程度； 5. 液压管路的连接和固定是否牢固，有无渗漏； 6. 液压油液位是否正常； 7. 系统压力是否正常； 8. 工作时，液压油温度是否过高； 9. 电控箱和电气元件是否接触可靠、绝缘可靠、防水防尘； 10. 电气设备良好接地； 11. 检查安全装置，如急停开关、回转限位器； 12. 检查混凝土管路各连接处的可靠性和密封性； 13. 混凝土管的磨损程度

续表

时间间隔	内　　容
每周（或满 50h）	1. 执行每天维护检查的规定； 2. 检测各运动部件传动的平稳性以及各臂节的速度是否出现较大的变化，臂的沉降是否在允许范围内； 3. 检查回转制动的可靠性； 4. 紧固各液压管卡； 5. 给所有润滑点加足润滑油（脂），润滑点如图 5-1 所示
每月（或满 200h）	1. 执行每周维护检查的规定； 2. 检查并清洗液压滤油器，必要时更换滤芯； 3. 更换回转机构齿轮减速器油脂； 4. 取样化验液压油清洁度，是否符合 ISO4406 的要求，酌情更换； 5. 仔细检查结构是否有明显变形和物理性损伤，是否有开焊现象（包括各隐蔽处的焊缝），焊缝周围的母材是否出现裂纹以及各铰点的间隙是否正常等； 6. 检查所有螺纹连接是否符合规定的预紧扭矩要求。对于没有专门指明的螺纹连接，按表 5-2 的规定执行
每 3 个月（或满 500h）	1. 执行每月维护检查的规定； 2. 更换液压油，排光残油，清洗油箱
每年（或满 1000h）	1. 执行每 3 个月维护检查的规定； 2. 由生产厂家的专业人员对布料机的结构、电气、液压、输送管路进行一次全面检查； 3. 检查所有销轴和轴套，决定是否更换； 4. 检查回转小齿轮的磨损情况，决定是否更换； 5. 检查液压软管的老化程度，决定是否更换； 6. 检查重要紧固件的锈蚀情况，决定是否更换； 7. 检查设备结构外观涂层的磨损情况并酌情补漆或除锈后重新喷漆
每两年（或满 2000h）	1. 大修； 2. 根据老化程度和物理损伤情况决定要更换的结构件和液压管件； 3. 更换所有无油轴承

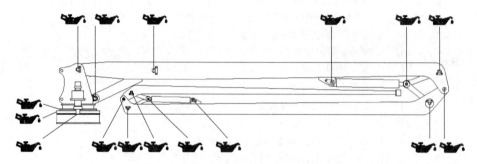

图 5-1　常用的臂架系统润滑点示意

规格	预紧扭矩（N·M）		
	6.9级	8.8级	10.9级
M5	5	6	8.5
M6	8.5	10	14
M8	21	25	35
M10	41	49	69
M12	72	86	120
M14	115	135	190
M16	180	210	295
M18	245	290	405
M20	345	410	580
M22	465	550	780
M24	600	710	1000
M27	890	1050	1500
M30	1200	1450	2000
M8×1	23	27	38
M10×1	44	52	73
M12×1	76	90	125
M14×1.5	125	150	210
M16×1.5	190	225	315
M24×2	650	780	1100
M30×2	1350	1600	2250

螺栓连接时预紧螺栓的预紧扭矩　　　表 5-2

注：1. 拧紧螺栓前应清理接触表面，去除污物、锈斑，并在螺母螺纹和旋转接触面涂以含有二硫化钼的黄油；

2. 5.6级以下的螺栓如无专门指示，一般按国家标准拧紧；

3. 本表中的预紧扭矩的允差为±10%；

4. 预紧螺栓应标有强度等级标记；

5. 另有标记的螺栓不按本表使用；

6. 对每次拆卸后的预紧螺栓或使用满一年的螺栓，需进行检查，有损伤的应予更换；

7. 预紧螺栓安装合格，工作 3~4 周（或 50h）后应再拧紧一次，使预紧扭矩达到规定值。

第三节　主　要　部　件　维　护

1. 臂架的维护

（1）布料机臂架多采用薄壁箱形焊接结构，每工作 200h 或每月要仔细检查，结构有无明显变形和物理性损伤，是否有开焊现象（包括各隐蔽处的焊缝），焊缝周围的母材是否出现裂纹以及各铰点的间隙是否正常等。

注：如果结构出现变形、焊缝开焊或母材出现裂纹，应立即停止工作，向相关部门汇报并进行处理。

（2）臂架连接铰点处的滑动轴承磨损严重而造成轴与孔的间隙过大时，或是垫片磨损严重而造成结构件侧向间隙过大时，应该及时更换零件并修复。更换零件工作应在生产厂家技术人员指导下完成（图 5-2）。

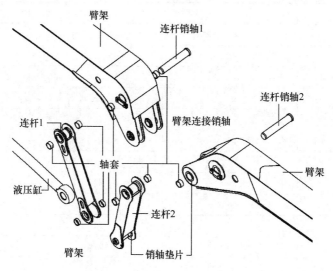

图 5-2　臂节之间的连接结构

（3）臂架和连杆的销轴都设有加油孔，应按图 5-3 的要求用加油枪通过油杯加注润滑脂，进行定期润滑，如果加油孔堵塞或加油困难，则应及时清理油孔。

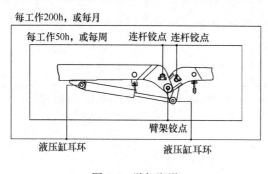

图 5-3　臂架润滑

（4）润滑保养时，各垫片的工作面（即磨损面）也应加注润滑脂。

（5）设备每工作 200h 或每月至少要检查一次臂架上所有紧固件的松紧程度，如果不满足预紧力的要求应及时拧紧。

（6）在工作中应随时注意臂架各铰点处的液压软管与结构之间是否发生干涉或摩擦，如果发生此现象应立即停机并采取措施。

2. 回转装置的维护

（1）回转装置包括上支座、回转支承、回转机构与回转限位器等（图 5-4）。

（2）在设备日常使用中应注意观察机构运行的平稳性和是否有异常的噪声产生。

（3）新设备第一次工作完毕后，必须检查回转支承所有螺栓的预紧力，必要时进行再预紧。

（4）一般情况下回转支承是不允许拆卸的，如果确需拆卸，必须在厂家专业技术人员指导下完成。

（5）回转装置应按图 5-5 的时间要求进行定期润滑保养，齿轮啮合处和回转支承滚道内应注满黄油。

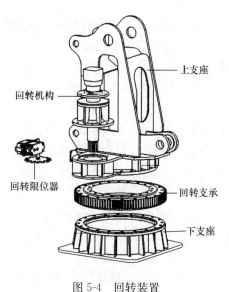

图 5-4 回转装置

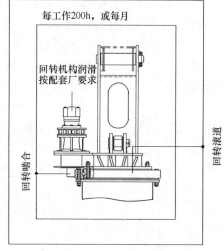

图 5-5 回转装置润滑

（6）上支座立板与臂架之间的工作面（即磨损面）应经常加注润滑脂。

（7）设备每工作 200h 或每月至少要检查一次上支座结构的焊缝（包括各隐蔽处的焊缝）以及焊缝周围的母材是否出现开焊或裂纹，发现问题立即报告并处理。

（8）设备每工作 200h 或每月至少要检查一次回转装置各处紧固件的松紧程度，如果不满足预紧力的要求应及时拧紧。

3. 混凝土管路的维护

（1）按产品说明书选用混凝土管路的规格，混凝土输送管应符合《建筑施工机械与设备 混凝土输送管 型式与尺寸》JB/T 11187—2011 的规定，布料臂架上输送管的内径、壁厚应符合厂家设计要求。

（2）直的钢制输送管可分为单层壁管和双层壁管。双层壁管由外层和内层组成，外层具有足够的强度可承受管道内部的压力，内层具有更高的硬度可抵御磨损。对于单层壁管，其壁厚可采用测厚仪或者类似的无损检测手段检测。对于双层壁管，超声波通常不能精确测量其磨损程度，应将管路拆解成独立长度的段，使用卡尺从端部测量其壁厚。由于管卡后方的混凝土湍流作用，管的最大磨损通常发生在两端 300mm 长度范围内。

（3）磨损较严重的部位往往出现在弯管上，因此要格外注意弯管外侧圆弧部位的磨损程度，弯管的磨损程度不易通过测量手段检查，可以通过对比同样规格使用过的弯管和新弯管的重量进行估算。

（4）混凝土管卡采用标准型管卡，

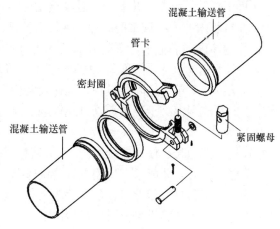

图 5-6 混凝土管路连接

59

管卡内的密封圈应按要求定期检查并及时更换（图5-6）。

（5）由于在作业过程中混凝土管路有较大的振动，因此应按要求定期地、经常地检查混凝土管路的各个连接处的紧固件以及管卡的紧固件是否出现松动现象。

（6）混凝土软管在使用、维护和存放中不能折出死弯，并避免被压伤或划伤。

（7）混凝土软管的内部和外部都应进行目测检查，当能看到软管的增强钢丝线时，应立即更换软管。

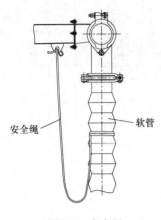

图5-7 安全绳

（8）软管与臂架结构之间设有安全绳（图5-7），目的是防止软管在工作中意外脱落，每周应定期检查安全绳的老化程度和连接的可靠性。安全绳的最长使用寿命为1年，到期必须更换。

安全绳与软管和结构的连接必须采用放松扣，且应有足够的长度以满足软管在工作或完全折叠过程中摆动的需要。

安全绳直径应不小于12mm，材料应采用强度较高的尼龙绳。

（9）每次作业完毕应立即清洗整个管路系统，清除所有的混凝土余料并清洗管道，不允许有混凝土残留物附着在管内壁上，这是泵送作业后一个必不可少的重要步骤，否则混凝土凝固在管中，导致以后的泵送工作无法进行。

混凝土输送管路经过清洗后，布料机操作者才能把布料臂收回折叠好。

布料机上的混凝土管属于整个输送管路的一部分，应与整个输送管路一起清洗，布料机操作者应了解这项工作并予以配合。管路清洗有水洗和气洗两种方式。

1）水洗

步骤：

① 泵送结束后混凝土泵反泵1～2个循环，消除输送管中的压力；

② 打开料斗底部的放料口，用工具清除料斗内外的混凝土残渣，用水冲洗后关闭放料口；

③ 拆下锥管（与料斗出料口相连的输送管），扒出S管内的混凝土残渣；

④ 往锥管内塞入浸透水的海绵球或柱形清洗活塞，装上锥管；

⑤ 往料斗内加满清水，泵送清水至清洗球或活塞从末端软管泵出；

⑥ 继续泵送清水，使输送管内的残余混凝土随水一起流出，直至输送软管里流出清水。

水洗法操作简单，危险性较小，也比较常用。但是要注意在水洗快结束时，一定不能让管道中的水流到混凝土浇筑点，以免影响混凝土的质量。

2）气洗

在输送管路超长、使用速凝混凝土、高温天气以及混凝土泵损坏的情况下，采用水洗的方法不能实现时，才能采用压缩空气清洗管路。

气洗需要配备空气压缩机，危险性较大，建议严格按规定进行操作。气洗要求管道密封性相当好，长距离管道可分段进行清洗。

步骤：

① 将输送软管从输送管上拆除，并在输送管的末端设置一个海绵球接收器，以抓取海绵球，因为海绵球排出时带有很大的力，容易伤人；

② 在输送管进气端装上气洗接头，用软管与空压机连接；

③ 操作者慢慢打开进气阀门，让压缩空气应逐渐进入，直到海绵球在管路中能稳定地移动；

④ 当操作者控制压缩空气的进入时，其助手应密切注意海绵球的进程，做法是通过使用锤子轻敲钢制管路，确定管路排空的位置；注意进程的另一种方式是观察压力表；

⑤ 当海绵球前进且混凝土阻力减小时，操作者应控制减少进入管路的空气流量；

⑥ 当海绵球行进到接近管路末端时，关闭压缩空气进气阀门。

气洗注意事项：

① 气洗操作应由至少两名经过培训的人员进行，作业人员宜穿戴保护服、安全帽和护目镜；

② 现场所有人员应远离输送管，尤其是管路末端出料口处；

③ 输送管应被可靠地支承和固定；

④ 空压机的最大输出压力不应大于制造商规定的额定压力；

⑤ 压缩空气应通过特制的清洗接头引入输送管路中，清洗接头应配备有进气阀和紧急泄压阀；

⑥ 当混凝土的排出速度太快时，应通过安全阀释放压缩空气；

⑦ 在清洗过程中输送管路应被视为带压管路且不得松开或拆卸任何一个管卡，除非输送管路已经泄压并得到现场主管人员确认。

4. 其他结构件的维护

(1) 设备每工作 200h 或每月至少要检查一次结构是否有异常变形和物理性损伤，是否有开焊现象（包括各隐蔽处的焊缝），焊缝周围的母材是否出现裂纹以及各铰点的间隙是否正常，各销轴和其定位销是否有脱落的迹象等。如果结构出现较大变形、焊缝开焊或母材出现裂纹，应立即报告并处理；

(2) 结构件维护示例：移动式布料机的底架与支腿（图 5-8）部分，拆卸支腿时需要

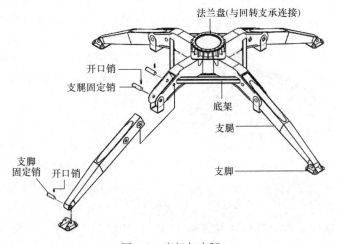

图 5-8　底架与支腿

起重设备的配合。拆卸支腿前必须确认臂架已经完全收回，配重已经卸下，设备处于非工作状态。拆卸后的零部件应妥善放置；每次安装支腿后必须装上定位销。

5. 液压系统的维护

（1）一般要求

1）液压系统中的安全溢流阀和节流阀在出厂前已调整设定好，在使用中不可随意调整，在维修中如果需要调整的话，必须由专业维修人员按照说明书的要求进行，必要时应咨询生产厂家的售后服务人员；

2）每次工作之前必须观察液压油箱的液面高度是否符合要求；

3）开机后按下任何一个功能按钮后，系统就建立了压力，观察系统压力是否正常；如果系统无压力或压力不正常，应分别检查泵、换向阀以及安全溢流阀；

4）维修液压系统管路时要特别注意安全，如果在系统内仍有压力的情况下贸然拆卸管路接头，高压油的喷出有可能伤害到维修人员。因此要先进行"泄压"操作，具体方法是：操作臂架运行到适合维修的位置，当按下操作装置的停止按钮（或控制柜操作面板的急停开关）后，在电动机由于惯性尚未完全停止转动时，按下需要维修的管路中执行液压缸的任何一个功能按钮，该管路系统就不再处于高压状态；

5）在设备工作过程中应经常注意观察油温，油温的异常升高提示存在问题。

（2）液压阀的维护

1）液压缸上装有双向液压锁或平衡阀，通过硬管分别与液压缸大小腔油口连接；液压锁或平衡阀在出厂前已经调定好，现场不能随意改动；

2）应长期保持所有液压阀的清洁，如有污垢应及时清洗；

3）工作时应观察电磁换向阀的工作情况，如果出现阀芯卡滞或动作不灵活的现象，可采用适合的工具推动阀芯（注意：不可粗暴操作损伤阀芯），如果该措施无效，应及时拆卸检修、清洗或更换；

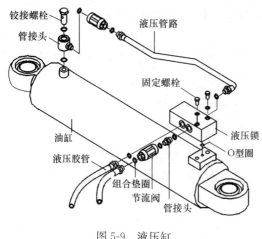

图 5-9　液压缸

4）液压阀使用时间久了内部会有沉淀物，为避免出现故障，要及时拆卸清理。清洗时要注意安全，某些沉淀物不容易清洗，需要使用清洗液，清洗液一般都会有腐蚀性或者毒性，甚至有的是易燃的，所以一定要谨慎小心。清洗并安装复原的液压阀经过测试后方可继续使用。如果液压阀的零件有破损，必须更换。

（3）液压缸的维护（图 5-9）

1）每工作 10h 或变换工地点前应清洁所有的液压缸并检查其是否有渗漏现象。如果设备长时间不用，也应清洁后再进行贮存。

2）如果发现液压缸密封件损坏或活塞杆出现物理性损伤必须立即更换或修复；

3）在没有压力的情况下才能进行管路和管卡的维护，打开的管路和接头、拆卸的胶管或液压缸应立即用堵头封死以免污垢进入；

4）每工作 200h 或每个月，应润滑所有液压缸耳环的关节轴承；

5）液压缸更换密封件或修理必须由专业人员进行；

注：液压缸的活塞杆一定要用液压油清洗，千万不要用水清洗，也不能用碱性清洁剂或含有苏打的液体清洗。要使用柔软的织物来清洗，任何有可能损坏活塞杆表面涂层或造成划痕的物品都不能用来清洗活塞杆；

6）如果活塞杆长期伸出在外，应在其表面涂以抗腐蚀的油脂；

7）应定期进行如下检查：将臂架完全伸出呈水平状态，保持该状态 15min，观察并测量臂端的沉降情况。如果臂端的沉降超过规定值，则应进一步检查和测量每一个液压缸对沉降量的影响。

（4）液压胶管的维护

1）每班工作前应认真检查液压胶管是否有严重损伤，在工作期间注意观察胶管是否发生干涉或剐蹭现象，发现隐患应立即排除；

2）在任何情况下（包括维护和清洗时）都应避免胶管表面被损伤；

3）胶管会老化，即使是正确使用和储存，一定时间后也必须更换；胶管的使用寿命还取决于工作环境，在极端的工作条件下（如工作温度高、冲击压力过大或胶管移动与扭转频繁等）将缩短服务期；有下述缺陷之一的胶管，须立即更换：

① 胶管已损坏到内层（如磨损、切口或爆裂）；

② 胶管表面变脆（如表面已有裂纹）；

③ 胶管变形，无论在有无压力或弯曲的情况下，胶管原来的形状已被破坏（如爆裂、层与层之间脱离或起泡）；

④ 胶管渗漏或接头连接不紧；

⑤ 接头损坏；

⑥ 配件腐蚀造成密封功能或材料强度降低；

⑦ 超过了储存期或服务期。

（5）滤油器的维护

1）回油滤油器安装在油箱盖上，滤筒部分浸入油箱内，设有旁通阀、扩散器和滤芯污染发讯器；

2）当滤芯被污染物堵塞或流量脉动等因素造成回油口压力达到 0.3MPa 时，发讯器会发出信号，应及时更换滤芯或提高系统温度；

3）发讯器发出信号的原因还有可能是温度过低导致的液压油黏度过大，这种情况一般发生在冬季，尤其是开机的时候，此时应让系统空转 10min，然后加载并反复动作直至油温升高到 40℃ 以上，报警会自动停止。如果系统在较高的温度时仍然报警，则应考虑是否滤芯被堵塞；

4）如果发讯器发出信号却没有及时采取措施，导致滤芯内压增高到 0.4MPa，设在滤芯下部的旁通阀会自动开启，回来的液压油可以不通过滤网直接进入油箱，造成严重后果；

5）更换滤芯时只需旋开过滤器端盖即可更换滤芯或加油，如图 5-10 所示；

6）所更换滤芯的精度等级应符合产品使用说明书的要求。

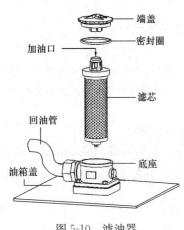

端盖

密封圈

加油口

滤芯

回油管

底座

油箱盖

图 5-10　滤油器

（6）液压油箱的维护

1）液压油箱一般安装在回转支承以上的专用支架或平衡臂上，应经常检查油箱与结构连接的可靠性，如发生松动应及时拧紧；

2）油箱盖装有密封垫，维修或换油清理必须打开油箱盖时，应先将油箱和盖上的污物清理干净，以防操作过程中污染油液；

3）更换液压油：排油口设在油箱的底部，拧开排油口将油排净后，应彻底清洁油箱。可以先用煤油清洗再用液压油清洗，清洗过程中不要用棉布、棉丝或类似织物擦拭油箱，应采用不易拉丝的擦拭物进行清洗。初步清洗后将清洗液放尽，用压缩空气将油箱吹净，再用橡皮泥或面团将残留的微小颗粒物粘出（注意：采用橡皮泥或面团只适用于很小的局部，不宜大面积使用）并用油擦拭干净，最后从滤油器口注入新油。

6. 电气系统的维护

（1）每次工作完毕后，应将操纵盒、无线发射器等控制元件妥善保管，并在转场运输过程中防止发生振动损伤。

（2）保持各控制元器件的清洁，每次操作时都应注意检查元件的灵敏性，发现问题及时维修或更换，防止事故发生。

（3）在操作过程中应注意避免电缆发生物理性损坏，一旦受到碾压或划伤应根据其受损的程度进行处理或更换。

（4）当回转的角度较大时，应注意供电电缆的长度是否够用、位置是否合适，防止电缆被扯断。

（5）手柄控制器和遥控发射器虽具有一定的防水功能，但在使用或存储时应尽量做好防水和防潮。

7. 设备液压油与润滑油（脂）的使用要求

（1）各部位的润滑和加油应根据生产厂家的使用说明书进行。

（2）注入润滑脂或更换液压油时请注意下述事项：

1）关闭设备总电源；

2）在操作时如果液压油的温度较高，应给予特别的注意；

3）如注润滑脂前必须清洗加油嘴，并使用新鲜的润滑脂；

4）当换用另一种牌号的润滑脂时应首先确认两种产品的兼容性；

5）操作时应注意不要污染地面和水源，更不要随意处理废油。

（3）设备在加油或换油时应采用足够大的容器并避免由于操作不当而造成油的外泄或遗洒。

（4）如果设备要在有特殊要求的地区施工，应事先告知生产厂家。在矿物润滑油有可能泄漏并危害环境的情况下，允许使用生物能分解的油和黄油，但设备须经特别处理，并确认密封圈、软管、过滤系统、接触油的涂层等与该润滑油的兼容性。

（5）对废油的处理只能按照环保部门认可的方法进行，不得与其他废物混合，也不得私自燃烧处理。

第四节 常见故障与排除

布料机常见故障分析与排除 表 5-3

序号	故障现象	分析原因	排除方法
1	一开机设备就不能动作	液压油黏度太高造成吸油不畅	延长空转时间使油温上升或季节性换油
		液压油箱油量不足或吸油管漏气	加油或维修
		多路控制阀有故障	检修或更换
		管接头漏油或油管破裂	检修或更换
		液压泵故障（如泵轴断裂）	检修或更换
		电气故障	检修或更换
2	工作一段时间后设备不能动作	液压泵污染或损坏	清洗或更换
		主安全阀或换向阀污染或不能复位	清洗或更换
		液压锁（或平衡阀）失效	检修或更换
		溢流阀压力发生变化	检查调整
		管接头漏油或油管破裂	检修或更换
		液压缸或液压马达故障	检修或更换
3	有不正常噪声	管路中可能存在漏气的地方或系统中混入空气	检修并排气
		油液清洁度超标致使滤油器堵塞	换油并更换滤芯
		油黏度太高	延长空转时间使油温上升或季节性换油
		结构活动关节处润滑不良	加注润滑油（脂）
4	臂晃动幅度大	轴承或垫片磨损	更换轴承或垫片
5	混凝土输送管堵塞	混凝土不合要求或在管中停留太久	与混凝土泵配合解决；拆卸清除堵塞并清洗
	混凝土输送管漏浆	混凝土输送管磨损或管卡密封圈损坏	更换输送管或密封圈
6	无电压	总电源故障或电源线故障	检修
7	电机不启动	接触器损坏	更换
		相序接错	调换电源相序
		电源熔断器烧坏	更换
8	线控操纵盒失灵	插头或插座接触不良	重接
9	回转操作无动作	回转限位器动作	尝试反向回转
		回转继电器或接触器故障	检修
10	电磁阀不动作	整流桥或继电器故障	检修或更换
		阀线圈或阀芯故障	检修或更换

续表

序号	故障现象	分析原因	排除方法
11	继电器不动作	有断路或继电器故障	检修回路或更换继电器
		整流桥故障	检修
12	管路不产生压力油、输出油量不足、压力上不去	电机转向不对	调整电机转向
		滤油器堵塞	疏通管路、清洗或更换滤芯或滤油器、更换新油
		吸油口混入空气	紧固各连接处接头、避免空气混入
		冬天油温过低或夏季油温过高，油液黏度不合适	正确选用并及时调整液压油，控制油温
		液压泵损坏	更换液压泵
		溢流阀调定压力太低	重新调整压力
		溢流阀卡死	清洗和修复溢流阀
13	噪声严重、压力波动大	液压泵与联轴器不同心或连接松动	调整同心度
		液压油液面太低	补充油液至规定高度
		溢流阀损坏	修复或更换溢流阀
14	电磁换向阀失效	被油液污染	清洗阀芯，更换液压油
		电磁铁线圈烧坏或电磁铁阀芯卡住	检查、修理或更换
		电气线路发生故障	检修
		电磁铁的安装面不平整或连接有松动	检查并修复
15	液压缸爬行	混入空气	将液压缸以最大行程运行强迫排除空气
		液压缸内壁腐蚀或拉毛	较轻者：除锈去毛刺；较重者：重新镗磨
		液压缸活塞杆密封损坏	更换密封
		液压锁（平衡阀）失效	修复或更换
16	液压缸推力不足或工作速度降低	液压泵严重内漏	修复或更换液压泵
		液压缸活塞密封件损坏导致内泄	更换密封件
		液压锁（或平衡阀）失效导致液压缸活塞杆停止运动	检修或更换液压锁
		电磁换向阀阀芯过度磨损	更换阀芯或换向阀
17	液压缸沉降量过大	液压缸密封损坏导致内泄	更换密封
		液压锁（或平衡阀）失效	检修或更换
18	油温过高	冷却器有脏物堵塞	检修清洗
		连续过负荷工作时间过长	应暂停冷却
		安全阀或溢流阀压力调整不当	检查调整
		油箱油量不足	加油
		油液清洁度超标或有水混入	换油
		液压泵或液压马达的内漏太大	检修或更换
		周围环境温度太高	停机降温

第六章　安 全 与 防 护

近年来，随着国家经济建设的快速发展，超高层建筑、大跨度桥梁、高速铁路等大型工程项目日益增多，布料机在建设施工中的应用也越来越广泛。

布料机是混凝土输送过程中的末端设备，由于其安装使用位置的特殊性，在使用过程中极易与脚手架、施工模架、塔式起重机、建筑模板、钢筋网、建筑钢结构等发生干涉，而且在浇筑过程中，需要人工进行混凝土振捣，所以使用不当不仅导致设备和周边物体的损坏，还可能导致相关人员受到伤害甚至死亡。布料机的安全与防护是工作的重中之重，人员及相关设备、设施的安全与防护是操作过程中最主要的考虑因素。

虽然布料机未列入国家质检总局的《特种设备目录》，不属于特种机械设备，但是在建设施工过程中很容易出现由于设备选型不当、技术沟通不到位、设备管理和检查不到位以及操作者安全意识不足、违章操作等因素而造成的安全隐患和风险，在设备的安装、使用及拆卸过程中出现安全生产事故。

第一节　基 本 安 全 要 求

一、与"人"相关的基本要求

1. 安全防护责任主体

（1）操作者是整台设备中的关键因素，他不仅要保证设备和施工的安全，还要确保周边人员及设施的安全；

（2）操作者必须检查安全装置的可靠性，并随时观察周边设施和人员的位置变化，同时必须遵守所有的安全操作规程。

2. 对操作者的要求

除了满足第四章第二节的要求，还应满足以下要求：

（1）未经岗位能力培训并考核合格者，不得操作布料机；未取得电工类资格证书的，不得改动和调整布料机的电气系统；未经生产厂家授权，不得私自变更布料机的电气、液压等系统；

（2）操作者应全面掌握布料机的安全操作规程及注意事项，严格按照安全要求进行操作，不得违章操作，应掌握紧急情况下的正确处理方法；

（3）操作者应熟悉和掌握混凝土泵送及浇筑流程、方法以及相关安全规程；

（4）操作者应与混凝土泵操作者、末端浇筑人员、振捣人员相互配合施工。

3. 操作者安全注意事项

（1）操作者进行操作时，应精力集中，随时注意观察工作情况和周围环境，及时处理各种情况；

（2）操作者应按规定正确穿戴安全防护用品，尤其是在布料机安装、维修需要在高处作业时，必须正确佩戴和使用安全带；

（3）服用对反应能力有影响的药品或含酒精的饮料后，不得操作布料机；

（4）操作及维修人员上下布料机时应通过专用爬梯，不得翻越护栏，防止高空坠落；

（5）操作和维修人员在工作时，禁止从工作平台或安装平台上向下扔物品；所用工具及零部件需妥善固定，防止高空坠物；

（6）在操作布料机时察觉到任何危险、异常作业或听到异常声音，如摩擦声、爆裂声或刺耳声，应立即停机；除非已根据自己的知识和经验对这些故障进行诊断并排除，否则不要操作布料机做任何动作；

（7）需要拆卸液压管路或快速接头时，必须先停止泵站电机，同时操作各控制阀，使管路内的压力降至最低，再检查液压油的温度，确认安全后方可进行；

（8）在泵送混凝土时严禁进行布料机的维修作业。

二、布料机安全注意事项

（1）不允许通过不正当操作或改动机器结构而改变机器原有的工作参数；

（2）操作布料机前，检查各供电线缆是否有破损，连接是否可靠，防止漏电；

（3）操作布料机前，检查液压管路、液压缸是否有漏油现象，并立即修理；

（4）操作布料机前，检查臂架、上下支座、塔身等结构件外观是否有磕碰变形、焊缝开裂等情况，如有发现应及时上报，经专业人员检查和维修，确认安全后方可进行施工；

（5）布料机经过维修或长时间放置后，液压系统内通常会混入空气，使臂架升降或回转动作出现抖动或不稳定现象；施工作业前，应操作臂架进行几次空载、全行程运动，排除液压系统内的空气；

（6）严禁将布料机用于起重吊物。

三、基本环境要求及认识

1. 危险源识别要求

布料机不得在有火灾、爆炸危险的区域及高热、腐蚀性的环境中工作。布料机的安装需经相关部门审批，并由现场管理方进行安全告知、施工交底。

2. 作业可视性要求

光线暗淡或能见度低时应禁止工作。如果必须在低能见度或夜间施工，必须采取照明措施，保证在布料机操作和作业的整个区域有良好的能见度。

3. 支撑面要求及验算原则

布料机工作时对支撑面的要求极为严格，必须按照厂家说明书的要求提供合格的支撑面，否则极易发生布料机倾覆事故和建筑物结构损坏事故。

在施工方案中，前期必须进行支撑面的受力验算，包括支撑面垂直载荷验算、水平载荷验算以及相关附属辅助结构的载荷验算等。根据验算结果确定布料机的型号、安装位置。严禁未经验算随意使用布料机或随意改变安装位置。

4. 温度、湿度要求

布料机工作的环境温度范围是$-20\sim40$℃，超出此范围以外不得工作。大雨、大雾、大雪、雷电天气应停止施工作业。

5. 风力要求

工作状态，布料机浇筑混凝土时风速不得大于 50km/h（13.8m/s，相当于 6 级风），不浇筑混凝土时仅操作布料机空载运动，风速不大于 72km/h（20m/s，相当于 7 级风）。

手动布料机工作状态允许风速为 10.8m/s。

表 6-1

测量风力的参考

风级	名称	风速（m/s）	风速（km/h）	陆地地面物象	海面波浪
0	无风	0.0～0.2	<1	静，烟直上	平静
1	软风	0.3～1.6	1～5	烟示风向	微波峰无飞沫
2	轻风	1.6～3.4	6～11	感觉有风	小波峰未破碎
3	微风	3.4～5.5	12～19	旌旗展开	小波峰顶破裂
4	和风	5.5～8.0	20～28	吹起尘土	小浪白沫波峰
5	清风	8.0～10.8	29～38	小树摇摆	中浪折沫峰群
6	强风	10.8～13.9	39～49	电线有声	大浪白沫离峰
7	劲风	13.9～17.2	50～61	步行困难	破峰白茫成条
8	大风	17.2～20.8	62～74	折毁树枝	浪长高有浪花
9	烈风	20.8～24.5	75～88	小损房屋	浪峰倒卷
10	狂风	24.5～28.5	89～102	拔起树木	海浪翻滚咆哮
11	暴风	28.5～32.6	103～117	损毁重大	波峰全呈飞沫
12	台风（一级飓风）	32.6～37.0	117～134	摧毁极大	海浪滔天

6. 布料机的安全距离要求

布料机的安装、安置位置应尽可能保证不与周边构筑物和设施（如塔式起重机）发生干涉，如遇特殊需求，应正确设定布料机的回转限位器，限制布料机的回转角度。

第二节 工作过程安全要求

一、施工前的准备及检查

1. 阅读使用说明书

操作者应仔细阅读布料机的使用说明书，掌握整机性能参数，熟悉操作方法和使用要求。

2. 检查稳定性

检查移动式布料机的支腿与支撑面是否完全接触，支撑面是否平整牢固。

检查固定式布料机的基础预埋螺栓是否紧固无松动或支脚连接焊缝处是否有开裂。

检查爬升式布料机爬升框架、固定框架、底架是否楔紧无松动，固定销轴及楔块是否安装正确。

以上检查若发现问题，应立即进行处理，避免发生倾覆事故。

3. 检查电源

检查电源连接情况，确认电源的电压、频率以及供电功率是否满足要求；检查供电线缆是否完好无破损。

检查电气控制箱，确认电源相序正确，同时关好控制箱门。

4. 检查液压系统

通过液压油箱上的液位计检查液压油量是否达到规定值，如有不足应补充；检查液压油是否清洁，如有污染或变质应更换。

检查液压缸及管路是否有漏油现象，酌情维修或更换。

5. 检查混凝土输送管路

检查混凝土输送管路连接处的管卡是否扣牢，管卡内的密封圈是否正确安装。

检查混凝土输送管路是否牢固地附着在臂架上。

检查管壁的厚度，磨损减薄量应在允许范围内，并不得有裂纹、砂眼等缺陷。

二、施工过程中的注意事项

1. 操作注意事项

（1）每次启动设备时应先让液压泵空转一段时间，如果气温较低，则空转的时间应适当加长，要求液压油温升至15℃以上后才能正常工作；

（2）每一个控制按钮都执行一个动作，在操作时每次只能按动一个按钮，完成一个动作后再进行下一个动作，以免布料机工作时出现误动作；

（3）在浇筑过程中不允许松开混凝土管路的管卡，应尽可能远离布料臂和输送管，各种检查、维修应放在施工后进行；

（4）切勿使砂石等异物落入回转支承中以免损坏机器；

（5）布料机在任何情况下都不得作为起重设备使用，如吊载、拖拽重物；

（6）在设备工作期间，操作者必须了解和掌握每天的天气预报和风速，不适合施工的天气必须停机；

（7）当设备工作时，无论布料臂是伸缩还是回转，由惯性力引起的弹性位移较大，如果触碰到人员可能会导致伤害；因此当操作布料臂运动之前，应明示在场的有关人员，并确保其在安全范围之内而不会被触及；

（8）当设备工作时，臂架下方应避免任何人员停留，末端浇筑人员应站在臂端的外侧或左右两侧，而不得处于臂端内侧；浇筑人员手拉软管所产生的横向力的方向不得与回转时产生的惯性力的方向相同；

（9）当布料臂运动时，与任何障碍物的安全距离不应小于0.6m，应严格避免臂端剐蹭到障碍物；如果臂端出现剐蹭或被障碍物钩住，应立即停止布料臂的动作，并排除险情；

（10）臂架制动时如果系统设置有短暂的延时，臂架端部会继续发生约0.5m的行程，操作者应给予特别的注意，一般情况下应提前制动；

（11）在每次施工前操作者必须观察布料机的支撑面是否出现塌陷情况，如有，应立刻采取加强措施；

（12）在每次施工前操作者必须观察布料机结构的变形情况，一旦发现结构有明显变形，应立即报告；

（13）施工人员绝对不允许站在建筑物边缘手扶末端软管作业，杜绝软管或臂架摇摆导致的坠落事故；浇筑建筑物边缘时，人员必须站在安全位置用适当的辅助工具引导末端软管；

（14）任何情况下，无线遥控器或有线控制盒都不能离开操作者的有效控制范围，以防其他人员误操作；

（15）如果设备接触了高压线，应立即警告并隔离所有人员，等待救援；

（16）布料机处于工作状态时，随时观察上支座最高点的横向位移；如果横向位移加大，需根据布料机的安装类型检查支撑面、基础、塔身、爬升框架等的固定和连接情况；如果有异常，应及时将布料臂收回到非工作状态并重新调整固定；

（17）设备的现场主管人员对布料机工作范围内的所有施工人员的安全负有责任，应在确保安全的情况下使用布料机；

（18）操作者在开机前和关机后应作好班前检查和班后保养，并作好记录，记录应包括表6-2的内容。

布料机保养记录表 表 6-2

事项	记录内容与描述	备注
设备使用时间和地点		
天气与环境状况		
作业延续时间		
班前检查结果		
班后检查结果		
故障情况及处理方法		

操作者（签字）_____

2. 混凝土浇筑过程的注意事项

（1）混凝土泵送和浇筑过程必须遵守《混凝土泵送施工技术规程》JGJ/T 10—2011规定；

（2）在泵送混凝土期间，作业人员应与出料软管保持安全距离，严禁作业人员在出料口下方停留；

（3）当开始或停止泵送时，应与末端软管处的作业人员取得联系；

（4）末端软管的弯曲半径不得小于1m，而且不准弯折；

（5）末端软管出料口一般情况下比混凝土浇筑面高 0.4～1m 较为适合，严禁将软管出料口埋在混凝土中；

（6）泵送含有化学物质或添加剂的混凝土或砂浆时，整个工作区域内的工作人员必须穿戴个人防护用品（如工作服、工作靴、安全帽、面罩、护目镜、手套等），但防护不能影响施工人员行动的灵活性；

（7）每次泵送混凝土之前，混凝土泵都应该先泵送水泥砂浆以湿润管壁，防止堵管；

（8）作业中，应对泵送设备和管路进行观察，发现隐患应及时处理；对磨损超过规定的管子以及损坏的管卡、密封圈等应及时更换；

（9）作业中，如果末端软管发生堵塞，现场浇筑人员应立即远离危险区域（末端软管可能摆动触及的区域，直径是末端软管长度的 2 倍），以免由于软管的剧烈摆动或崩裂而造成伤害；

（10）作业中，如果混凝土输送管路发生堵塞，应立即停止泵送并马上采取措施消除堵塞；

（11）如果发生管路堵塞，应反泵 2～3 次，确认管路内没有残余压力后再进行拆卸；

（12）为了改变混凝土浇筑位置而伸展或收回布料臂时，应先反泵 1～2 次后再动作，这样可以防止在动作时输送管道内的混凝土从出料口落下或喷溅；

（13）待料暂停作业时，应进行短暂的反泵，以降低输送管内压力；

（14）待料等较长时间停止作业时，为防止混凝土分离和凝固，应周期性地进行正泵/反泵操作，约 10～15min 循环一次；

（15）如果长时间停歇导致混凝土出现离析现象时，应将混凝土吸回料斗，搅拌再泵送。

3. 施工结束后注意事项

（1）每次施工完毕，应清空并清洗混凝土输送管路；清洗作业应按说明书的要求进行；尽量采用水洗，不建议采用压缩空气进行清洗，清洗方法详见第五章第三节；

（2）按说明书要求的顺序把布料机臂架收回折叠好；

（3）操作者离开现场之前，应将各操纵开关、调整手柄、手轮、控制杆、旋钮等复位，拉闸切断电源，锁好电控箱并取下钥匙。

三、冬天操作注意事项

（1）在寒冷的冬季，液压油变得黏稠，布料机可能会出现操作时无反应现象；

（2）查看使用说明书，酌情更换液压油的牌号；

（3）开机时让马达空转几分钟，再让液压缸憋压，使液压马达带载旋转，直至油温升到 15℃，才能开始正常工作。

四、贮存注意事项

1. 贮存之前

（1）把机器清洗、晾干；

（2）对各润滑点进行润滑；

（3）在外露的液压缸活塞杆金属表面涂上一薄层润滑脂；

（4）把液压油箱装满；

（5）最好将机器存放在干燥的建筑物内，如果需要停放在室外，应停放在排水良好的混凝土地面上，并用防水布盖住。

2. 贮存期间

每月启动一次电机，让机器运转一下，具体做法是：擦掉液压缸活塞杆上的润滑脂，让臂架展开再折叠、左回转、右回转等动作均进行几个回合，使得生成新的油膜以盖住可运动部件的表面。

3. 贮存之后

长期贮存的机器再使用前，要进行下列的工作：

（1）擦掉液压缸活塞杆上的润滑脂；

（2）给各部位添加润滑油和润滑脂；

（3）注意除尘、除锈。

第三节　施工现场安全管理

一、布料机的安全监管

1. 现场监管

（1）布料机的安装、拆卸和施工，应当建立有效的实施和监督机构，设立专业管理员，并组织专门的作业小组，小组成员应基本固定，做到定员、定岗、定责任；

（2）施工方安委会、工程部、技术部等有关部门应对现场相关人员进行布料机的正确使用和安全注意事项的再教育，考核后，结合作业部位分别授权；

（3）布料机在使用过程中，使用单位和操作班组应结合现场实际情况，制定必要的安全措施；

（4）在布料机的施工过程中，要注意积累和总结经验，并将意见及时反馈到技术部，以便作进一步修改和完善；

（5）布料机发生异常情况后，现场管理人员及操作班组应当立即停止施工，并立即向工程部和有关部门报告。

2. 验收检查

（1）施工单位在购置、租赁布料机时应当核查布料机生产单位、产权单位的营业执照、产品合格证、产品使用说明书，并留存复印件；

（2）布料机在施工现场内首次安装完毕后应由安装单位进行自检，合格后报总承包单位，由总承包单位组织使用单位、安装单位、产权单位、监理单位联合验收，并填写《布料机安装验收表》，合格后方可投入使用；

（3）布料机每次移位完毕后，由总承包单位进行检查并填写《布料机移位检查表》，合格后方可投入使用；

（4）布料机每次安装、拆卸、移位过程中，总承包单位专职安全员应全程旁站监督，确保施工安全；

（5）布料机操作人员在作业中，应严格执行《建筑机械使用安全技术规程》JGJ 33—2012等相关安全技术规范、安全操作规程和产品说明书中的有关安全要求，严禁违章作业；

（6）布料机的采购、安装、使用、位移等应遵照当地的法律法规执行。

二、安全施工保障

在布料机安装、爬升、移位、拆卸时，应严格执行安全技术操作规程和国家及地方有关安全施工法规，本着"安全第一、预防为主"的方针，做好安全工作，应重点注意以下事项：

（1）布料机安装、拆卸、移位和爬升，作业前应得到现场管理方的许可；

（2）布料机的安装、拆卸、移位和爬升必须由经过专门培训并合格的人员进行；

（3）布料机在安装、拆卸、移位和爬升过程中，现场周边不得有除操作者、安拆人员以外的其他人员；

（4）布料机安装、拆卸、移位和爬升时，操作者、安拆人员必须按规定作好安全防护，与指挥人员、吊车司机密切配合；

（5）布料机安装、拆卸、移位和爬升过程中，起重机或手（电）葫芦的吊挂点应牢靠、稳固；

（6）为防止布料机爬升过程中发生意外，在爬升前应检查爬升机构固定是否牢靠；

（7）在爬升过程中布料机上严禁站人；

（8）爬升作业完成后应立即对爬升机构的各固定装置进行检查，确认牢固、稳固后方可投入使用；

（9）应对现场施工人员进行布料机的正确使用和维护的安全教育，严禁任意拆除或损坏防护设施，严禁用布料臂起吊重物，严格按厂家说明书规范操作；

（10）布料机的护栏及相关支撑物，不得任意拆除；

（11）在布料机使用过程中，应经常对结构件、液压缸、爬升框架等承重部件进行检查，如出现焊缝开裂、漏油等情况，应及时处理；

（12）高处作业人员必须佩戴安全帽、安全绳，工具应收入随身工具包，防止坠人、坠物；

（13）施工过程应建立严格的检查制度，班前、班后均应有专人按制度进行认真检查。

第四节　安全防护常识

一、安全作业常识

布料机安全作业与施工管理要求见本章第一、二、三节内容。

二、施工现场常见标志

详见第七章内容。

三、高处作业安全常识

（1）在坠落高度基准面 2m 以上（含 2m）有可能坠落的高处进行的作业，定义为高处作业；

（2）高处作业必须符合《建筑施工高处作业安全技术规范》JGJ 80—2016 的要求；

（3）布料机在安装时，凡能在地面上预先做好的工作，都应在地面上进行（如安装塔身上的混凝土管、爬梯等），以尽量减少高处作业；

（4）悬空、攀登高处作业以及搭设高处安全设施的人员必须按照国家有关规定经过专门的安全作业培训，并在取得特种作业操作资格证书后，方可上岗作业；

（5）施工前，应逐级进行安全技术教育及交底，落实所有安全技术措施和个人防护用品，否则不得进行施工；

（6）从事高处作业的人员必须定期进行身体检查，诊断患有心脏病、贫血、高血压、癫痫病、恐高症及其他不适宜高处作业的疾病时，不得从事高处作业；

（7）登高作业前必须检查个人防护用品，必须戴好安全帽，身穿紧口工作服，脚穿防滑鞋，腰系安全带，安全带应高挂低用；

（8）作业下方必须划出危险区，设置安全警示牌，严禁无关人员进入；

（9）高处作业场所有坠落可能的物体，应一律先行撤除或予以固定；所用物件均应堆放平稳，不妨碍通行和装卸；工具应随手放入工具袋，拆卸下的物件及余料和废料均应及时清理运走，清理时应采用传递或系绳提溜方式，禁止抛掷；

（10）遇有六级以上强风、浓雾和大雨等恶劣天气，不得进行露天悬空与攀登高处作业。台风暴雨后，应对高处作业安全设施逐一检查，发现有松动、变形、损坏或脱落、漏雨、漏电等现象，应立即修理完善或重新设置；

（11）高处作业中的安全标志、工具、仪表、电气设施和各种设备，必须在施工前加以检查，确认其完好，方能投入使用；

（12）所有安全防护设施和安全标志等，任何人都不得损坏或擅自移动和拆除；因作业必须临时拆除或变动安全防护设施、安全标志时，必须经有关施工负责人同意，并采取相应的可靠措施，作业完毕后立即恢复；

（13）施工中对高处作业的安全技术设施发现有缺陷和隐患时，必须立即报告，及时解决；危及人身安全时，必须立即停止作业。

四、安全防护用品使用常识

由于建筑行业的特殊性，高处作业中发生的坠落、物体打击事故的比例最大。许多事故案例说明，正确佩戴安全帽、安全带或按规定架设安全网，可以有效避免伤亡事故的发生，所以安全帽、安全带、安全网常被称为"三宝"。

1. 安全帽

是对人体头部起防护作用的帽子。使用时要注意：

（1）选用经有关部门检验合格的安全帽；

（2）戴帽前先检查外壳是否破损，有无合格帽衬，帽带是否齐全，如果不符合要求立即更换。

（3）调整好帽箍、帽衬，系好帽带。

2. 安全带

是高处作业人员预防坠落的防护用品。使用时要注意：

（1）选用经有关部门检验合格的安全带，并保证其在使用有效期内；

（2）安全带严禁打结、续接；

（3）使用中，要可靠地挂在牢固的地方，高挂低用，且要防止摆动，避免明火和刺割；

（4）高处作业必须使用安全带；

（5）在无法直接挂设安全带的地方，应设置挂安全带的安全拉绳、安全栏杆等。

3. 安全网

用来阻挡或接住坠落的人、物，或用来避免、减轻坠落物体打击伤害的网具。使用时要注意：

（1）要选用有合格证的安全网；

（2）安全网若有破损、老化应及时更换；

（3）安全网与架体连接不宜绷得太紧，系结点要沿边分布均匀、绑牢；

（4）立网不得作为平网使用；

（5）立网必须选用密目式安全网。

五、混凝土泵送安全常识

（1）混凝土泵应安放在平整、坚实的地面上，周围不得有障碍物；在放下支腿并调整高度后，机身应保持水平和稳定。

（2）泵送管道的敷设应符合下列要求：

1）水平泵送管道宜直线敷设；

2）垂直向上配管时，地面水平管长度不宜小于垂直管长度的25%，且不宜小于15m；在混凝土泵出料口处应设置截止阀；

3）倾斜向下配管时，应在斜管上端设排气阀；当高差大于20m时，应在斜管下端设5倍高差长度的水平管；如果条件限制，可增加弯管或环形管，满足5倍高差长度的要求；

4）泵送管道应有支承固定，在管道和固定物之间应设置木垫作缓冲，不得直接与钢筋或模板相连，管道与管道间应连接牢靠；管卡应扣牢密封，不得漏浆；不得将已磨损管道装在近泵高压区；

5）泵送道管敷设后，应进行耐压试验。

（3）砂石粒径、水泥强度等级及配合比应按出厂规定，满足可泵性的要求。

（4）作业前应检查并确认混凝土泵各部螺栓紧固，防护装置齐全可靠，各部位操纵开关、调整手柄、手轮、控制杆、旋塞等均在正确位置，液压系统正常无泄漏，液压油符合规定，搅拌斗内无杂物，上方的保护格网完好无损并盖严。

（5）输送管道的管壁厚度应与泵送压力匹配，近泵处应选用优质管道。管道接头、密封圈及弯头等应完好无损。高温烈日下应采用湿麻袋或湿草袋遮盖管路，并应及时浇水降温，寒冷季节应采取保温措施。

（6）应配备清洗管卡、清洗球或清洗活塞、清洗球接收器及有关装置。

（7）启动后，应空载运转，观察各仪表的指示值，检查泵和搅拌装置的运转情况，确认一切正常后，方可作业。应依次泵送清水和水泥砂浆润滑泵及管道，然后才可以正式泵送混凝土。

（8）泵送作业中，料斗中的混凝土平面应保持在搅拌轴轴线以上。料斗格栅上不得堆满混凝土，应控制供料流量，及时清除超粒径的骨料及异物，不得随意移动格栅。

（9）当进入料斗的混凝土有离析现象时应停泵，待搅拌均匀后再泵送。当骨料分离严重，料斗内灰浆明显不足时，应剔除部分骨料，另加砂浆重新搅拌。

（10）泵送混凝土应连续作业；当因供料中断被迫暂停时，停机时间不得超过30min。

暂停时间内应每隔 5～10min（冬季 3～5min）作 2～3 个冲程反泵—正泵运动，再次投料泵送前应先将投料搅拌均匀。当停泵时间超限时，应排空管道。

（11）垂直向上泵送中断后再次泵送时，应先进行反向推送，使分配阀内混凝土吸回料斗，经搅拌后再正向泵送。

（12）混凝土泵运转时，严禁将手或铁锹伸入料斗或用手抓握分配阀。当需在料斗或分配阀上工作时，应先关闭电动机和消除蓄能器压力。

（13）不得随意调整液压系统压力。当油温超过 70℃时，应停止泵送，但仍应使搅拌叶片和风机运转，待降温后再继续运行。

（14）水箱内应贮满清水，当水质混浊并有较多砂粒时，应及时检查处理。

（15）泵送时，不得打开任何输送管道和液压管道的接头；不得调整、修理正在运转的部件。

（16）作业中，应对泵送设备和管路进行观察，发现隐患应及时处理。对磨损超过规定的管子、卡箍、密封圈等应及时更换。

（17）应防止管道堵塞。泵送混凝土应搅拌均匀，控制好坍落度；在泵送过程中，不得中途停泵。

（18）当出现输送管堵塞时，应进行反泵运转，使混凝土返回料斗；当反泵几次仍不能消除堵塞，应在管道卸载的情况下，拆管排除堵塞。

（19）作业后，应清除料斗内和管道内的全部混凝土，然后对混凝土泵、料斗、管道等进行清洗。当用压缩空气清洗管道时，进气阀不应立即开大，只有当混凝土顺利排出时，方可将进气阀开至最大。在管道出口端前方 10m 内严禁站人，并用清洗球接收器收集冲出的清洗球和砂石粒。对凝固的混凝土，应采用刮刀清除。

（20）作业后，应将两侧活塞转到清洗室位置，并涂上润滑油。各部位操纵开关、调整手柄、手轮、控制杆、旋塞等均应复位。液压系统应卸载。

第五节 应 急 处 理

一、应急预案的方针与原则

现场应急处置方案坚持"安全第一、预防为主"的原则，结合对建筑业造成伤害的"五大隐患"，即"高空坠落、物体打击、触电、机械伤害、坍塌"进行防护，确保安全施工。

二、应急策划

现场管理房应认真对本工程危险源进行识别，制定项目发生紧急情况或事故的应急措施，开展应急知识教育和应急演练，提高现场操作人员应急能力，减少突发事件造成的损失和不良影响，其应急准备和响应工作程序如图 6-1 所示。

三、突发事件风险分析

施工中危险因素是高层施工中可能由于塔身不稳定和基础不牢固造成的倒塌、压伤、

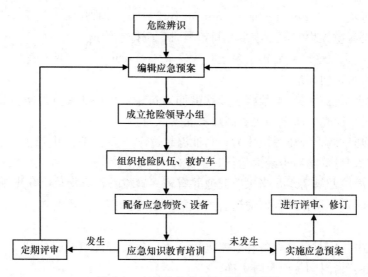

图 6-1　应急准备和相应工作程序图

维修和维护时的高处坠落、高处落物伤人等。工地在采取各种防范措施的基础上，还须做好应急方案。

四、应急资源分析

应急设备、物资准备，应配备药箱药品，救护车辆，配备多部对讲机，配置有灭火器、担架等。

五、应急准备

1. 机构与职责

一旦发生施工安全事故，有关负责人必须立即赶赴现场，组织指挥抢险，成立现场抢险领导小组。

2. 应急资源

应急资源的设备是应急救援工作的重要保障，项目部根据对潜在事件性质和后果的分析，配备应急救援所需的救援手段、救援设备、交通工具，医疗设备药品，生活保障物资等，见表6-3。

主要应急救援物资设备表　　　　　　　　　　　　　　　表 6-3

序号	材料设备名称	单位	数量	现在何处
1	小车	台	1	现场
2	灭火器	个	20	现场
3	药箱及药品	个/批	1	现场
4	对讲机	部	10	现场
5	手机	部	6	现场
6	担架	副	1	现场

3. 教育训练

在工程进行施工前一周，由组长组织救援小组人员进行抢险知识教育及应急预案演练，全面提高应急救援能力。

4. 援助协议

项目部事先与项目区域医院建立正式援助协议，以便在事故发生时得到外部救援力量和资源的援助。

5. 应急响应

出现事故时，在现场的任何人员都必须立即向组长报告，汇报内容包括事故的地点、事故的程度、事故可能的发展趋势、伤亡情况等，并及时抢救伤员，在现场警戒，观察事故发展的动态并及时将现场的最新信息向组长报告。

组长接到事故报告后，必须立即赶赴现场并组织调动救援的人力、物力赶赴现场，展开救援工作，并立即向现场及上级机构救援领导负责人汇报事故情况及需要上级支援的人力、物力。事故的情况由项目部所在施工公司向外、向上汇报。

六、安全应急预案

1. 高处坠落危险因素

（1）危险因素易发生的时间及部位

1）设备安装、爬升、维保过程中，需要爬到臂架上时；

2）设备高处的爬梯、平台；

3）电梯井中。

（2）预防措施

1）加强作业人员的安全教育，作业过程中，按要求正确佩戴、使用劳动防护用品（如安全帽、安全绳），做到"三不违章"；

2）完善临边、洞口等危险部位的防护措施，并经常检查，发现缺损、丢失等隐患，及时落实人员进行修补、整改；

3）隐患整改完成必须进行复查，合格后方可使用；

4）设置明显的安全警示标志。

2. 物体打击

（1）危险因素易发生的时间及部位

1）设备安装时、爬升作业时、维护和维修时臂架下部的作业人员；

2）材料吊运过程中运动轨迹的下部。

（2）预防措施

1）加强作业人员的安全教育，作业过程中按要求正确佩戴和使用劳动保护用品，做到"三不违章"；

2）完善危险部位的防护设施并经常检查其完整性和有效性；

3）对检查中发现存在的安全隐患及时落实人员进行整改；

4）臂架和平台上不得堆放钢管、扣件及备用件；

5）安装、维修、维护人员在作业结束前必须确认各部位没有遗漏的工具、零部件和杂物；

6) 作业人员应随时将工具收入随身工具包；

7) 架体升降过程中架体底部必须划出警戒区，拉上警戒绳。

3. 机械伤害

(1) 危险因素部位

1) 臂架和回转机构的各运动关节处；

2) 爬升时运动物体与静止物体间的接触部位。

(2) 预防措施

1) 必须由具备作业岗位知识能力，符合从业规定的人员进行施工作业；

2) 作业前进行安全技术交底，经常性开展作业人员的安全教育，作业过程中按要求正确佩戴、使用劳动保护用品；

3) 夜间作业必须要有足够的照明；

4) 机械保养、维修时严禁用手代替用具操作；

5) 设备运行中严禁进行维护保养和维修。

4. 触电

(1) 危险部位

1) 非安全电压电源线缆布置区域；

2) 各用电设备处；

3) 电器开关控制箱处。

(2) 预防措施

1) 电气安装、维修必须由持有相关专业"特种作业人员资格证"的人员进行；

2) 经常检查电缆、动力设备绝缘性能，并及时修复破损部位，确保其绝缘性能；

3) 做好各电气设备的防砸、防水、防雷措施。

5. 坍塌

(1) 危险部位

支腿及混凝土基础下部、爬升受力点和附着点。

(2) 预防措施

1) 经常检查支腿和混凝土基础的支撑面是否牢靠，有无下陷危险；

2) 仔细观察爬升系统构件是否出现异常及各受力点和附着点处结构是否出现裂纹等损坏情况。

七、危险源辨识与控制措施

现场主要危险源见表 6-4。

现场主要危险源　　　　　　　　　　　　　　　　表 6-4

序号	危险源	可能导致的事故	控制措施
1	设备组装、拆除过程	人员坠落、高处坠物引发人员伤亡事故	1. 严格控制作业人员的作业资格，施工资质，严禁无证等违章作业； 2. 作业前进行安全技术交底，严格按操作规程操作； 3. 做好安全防护、日常检查与维护； 4. 加强安全检查，及时发现和纠正、制止违章行为

序号	危险源	可能导致的事故	控制措施
2	爬升过程	电动和手动葫芦断链引发架体坠落,结构破坏引发设备损坏及人员伤亡	1. 严格要求作业人员按操作规程作业; 2. 作业前、作业中认真做好检查工作,确保满足安全要求; 3. 做到安全、文明施工,出现问题及时解决; 4. 电动葫芦看护人员必须经培训,并懂得葫芦的性能及熟悉正确的使用方法; 5. 电动葫芦运转中必须有人看护,且在视线有效范围内; 6. 电动葫芦等必须按要求定期进行维护保养,严禁带病运转; 7. 电动葫芦运转中严禁进行保养及维修,维修过程中严禁用手代替工具
3	使用过程	臂架被刮碰、大风、物体打击,引发结构破坏和变形、配件破坏、人员伤亡事故	1. 做好班组的安全交底工作,严格禁止设备上放置物料和工具; 2. 及时检查防护设施的完好性和有效性; 3. 设备使用中随时关注天气情况; 4. 加强起重机吊运物料的安全控制
4	用电	触电、火灾引发设备破坏、人员伤亡事故	1. 安装、维修必须由持有效证件的人员进行;做好用电人员的安全用电交底; 2. 提高安全操作意识,按《施工现场临时用电安全技术规范》JGJ 46—2005安装、验收、使用; 3. 及时检查漏电保护设备的灵敏可靠性,及时更换; 4. 配备足够的有效消防器材

八、安全事故应急处理措施

1. 设备、设施因质量原因而引起的突发安全事故应急措施

设备使用中,发现结构件焊缝开裂、破坏的,应分析对施工安全的影响(由专业分包单位现场技术人员确定),影响到安全的,必须立即停止施工并修复或更换。

2. 因人为因素而引起的突发安全事故应急护理措施

(1)人员坠落、高处坠物造成的人员伤亡事故

发现人应立即向现场负责人报告,现场负责人根据事故的情况,立即启动相应级别应急救援预案,组织人员进行抢救,根据受伤人员的伤势情况给予简单的救护处理,将伤员立即送往附近医院或拨打120急救电话,并保护好现场,同时上报公司领导。

(2)触电、机械损害造成的人员伤亡事故

当事人或发现人立即切断电源、停机,来不及断电时可用绝缘物挑开电线,并立即向现场负责人报告,现场负责人根据事故的情况,立即启动相应级别应急救援预案,组织人员进行抢救,根据受伤人员伤势情况给予简单的救护处理,将伤员立即送往医院或拨打120急救电话,并保护好现场,同时上报公司领导。

当处于爬升过程中,除安排人员进行事故救援外,还要安排人员对爬升机构进行恢复等,防止事故的扩大或引发次生灾害。

积极配合事故调查,按照"四不放过原则"对事故进行处理,并认真落实处理决议和各项整改措施,组织职工召开专题安全生产会议,总结经验教训,防止类似事故的发生。

3. 社会环境因素(社会对抗和冲突)而引发的突发安全事故(罢工、刑事案件等)

无论是以非正当理由还是以正当理由罢工的,如果设备正处于爬升状态或工作状态,

不及时爬升到位或处理，设备存在较大安全隐患时，应立即从就近的其他工地调入操作工人继续进行施工，消除安全隐患。

针对该事件，应及时找项目负责人或公司予以解决，尽快恢复正常生产，将由此带来的不良影响降到最低。

4. 停电事故的应急处理

安拆、爬升和作业过程中突遇停电事故时，首先要问清楚停电的时间、原因，停电的时间长短，如在短时间内能恢复正常供电，所有人员在原地等候，不允许人员在设备上停留或在下方走动，等恢复供电后再继续工作。

当停电时间过长或根本无法确定供电时间时，应立即关闭电箱所有开关，上齐所有定位销轴，将爬升机构恢复到正常状态后，操作人员方可离开。等恢复供电后，再按操作程序继续进行作业。

九、应急救援措施

1. 人员的安排

组长、副组长接到通知后马上到现场全程指挥救援工作，立即组织、调动救援的人力、物力赶赴现场展开救援工作，并立即向公司救援领导负责人汇报事故情况及需要公司支援的人力、物力，组织人员立即进行抢救。

2. 人员疏散、救援方法

人员的疏散由组长安排的组员进行具体指挥，指挥人员疏散到安全地方，并做好安全警戒工作。各组员和现场其他人员对现场受伤害、受困的人员、财物进行抢救。人员被构件或其他物件压住时，先对现场进行观察，如需局部加固的，立即组织人员进行加固，方可进行相应的抢救，防止抢险过程中再次垮塌，造成进一步的伤害。

3. 伤员救护

休克、昏迷的伤员救援：让休克者平卧，不用枕头，腿部抬高 30°。若属于心源性休克同时伴有心力衰竭、气急，不能平卧，可采用半卧。主要做到保暖和安静，尽量不要搬动，如必须要搬动时，动作要轻。采用吸氧和保持呼吸道畅通或实行人工呼吸。受伤出血时，用止血带止血、加压包扎止血，立即拨打 120 急救电话或送往医院。

由具体的组员带领警卫人员在事故现场设置警戒区域，用三色纺织布或挂有彩条的绳子圈围起来，由警卫人员在旁站监护，防止闲人进入。

4. 现场清理

经地方政府有关监督部门批准后，要及时清理事故现场，消除事故隐患，及时恢复施工生产。对污染物的处理要达到国家和地方政府规定的标准。

5. 现场恢复

充分辨识恢复过程中存在的危险，当安全隐患彻底清除后，方可恢复正常工作状态。

第七章 施工现场常见标志

住房和城乡建设部发布的行业标准《建筑工程施工现场标志设置技术规程》JGJ 348—2014，自 2015 年 8 月 1 日起实施。其中，第 3.0.2 条为强制性条文，必须严格执行。

施工现场安全标志的类型、数量应根据危险部位的性质。分别设置不同的安全标志。建筑工程施工现场的下列危险部位和场所应设置安全标志：

（1）通道口、楼梯口、电梯口和孔洞口；

（2）基坑和基槽外围、管沟和水池边沿；

（3）高差超过 1.5m 的临边部位；

（4）爆破、起重、拆除和其他各种危险作业场所；

（5）爆破物、易燃物、危险气体、危险液体和其他有毒有害危险品存放处；

（6）临时用电设施和施工现场其他可能导致人身伤害的危险部位或场所。

根据《建设工程安全生产管理条例》的规定，施工单位应当在施工现场入口处、施工起重机械、临时用电设施、脚手架、出入通道口、楼梯口、电梯井口、孔洞口、桥梁口、隧道口、基坑边缘、爆破物及有害危险气体和液体存放处等危险部位，设置明显的安全警示标志。

施工现场内的安全设施、设备、标志等，任何人不得擅自移动、拆除。因施工需要必须移动或拆除时，必须要经项目经理同意后并办理相关手续，方可实施。

安全标志是指在操作人中容易产生错误，易造成事故的场所，为了确保安全，所设置的一种标示。此标示由安全色、几何图形复合构成，是用以表达特定安全信息的特殊标示，设置安全标志的目的，是为了引起人们对不安全因素的注意，预防事故发生。安全标志包括：

（1）禁止标志：是不准或制止人们的某种行为（图形为黑色，禁止符号与文字底色为红色）。

（2）警告标志：是使人们注意可能发生的危险（图形警告符号及字体为黑色，图形底色为黄色）。

（3）指令标志：是告诉人们必须遵行的意思（图形为白色，指令标志底色为蓝色）。

（4）提示标志：是向人们提示目标和方向。

安全色是表达安全信息的颜色，表示禁止、警告、指令、提示等意义，其作用在于使人能迅速发现或分辨安全标志，提醒人员注意，预防事故发生。安全色包括：

（1）红色：表示禁止、停止、消防和危险的意思。

（2）黄色：表示注意、警告的意思。

（3）蓝色：表示指令、必须遵守的规定。

（4）绿色：表示通行、安全和提供信息的意思。

专用标志是结合建筑工程施工现场特点，总结施工现场标志设置的共性所提炼的，专用标志的内容应简单、易懂、易识别；要让从事建筑工程施工的从业人员都准确无误地识别，所传达的信息独一无二，不能产生歧义。其设置的目的是引起人们对不安全因素的注意并规范施工现场标志的设置，达到施工现场安全文明。专用标志可分为名称标志、导向标志、制度类标志和标线 4 种类型。

多个安全标志在同一处设置时，应按禁止、警告、指令、提示类型的顺序，先左后右、先上后下地排列。出入施工现场遵守安全规定，认知标示，保障安全是实习阶段最应关注的事项。学员和教员均应注意学习施工现场安全管理规定、设备与自我防护知识、成品保护知识、临近作业和交叉作业安全规定等；尤其是要了解和认知施工现场安全常识、现场标志，遵守管理规定。

常见标准如下：

《安全色》GB 2893—2008

《安全标志及其使用导则》GB 2894—2008

《道路交通标志和标线》GB 5768—2009

《消防安全标志》GB 13495—2015

《消防安全标志设置要求》GB 15630—1995

《消防应急照明和疏散指示系统》GB 17945—2010

《建筑工程施工现场标志设置技术规程》JGJ 348—2014

《建筑机械使用安全技术规程》JGJ 33—2012

《施工现场机械设备检查技术规范》JGJ 160—2016

根据现行《建设工程安全生产管理条例》的规定，施工单位应当在施工现场入口处、施工起重机械、临时用电设施、脚手架、出入通道口、楼梯口、电梯井口、孔洞口、桥梁口、隧道口、基坑边沿、爆破物及有害危险气体和液体存放处等危险部位，设置明显的安全警示标志。安全警示标志必须符合国家标准。本条重点指出了通道口、预留洞口、楼梯口、电梯井口、基坑边沿、爆破物存放处、有害危险气体和液体存放处应设置安全标志，目的是强化在上述区域安全标志的设置。在施工过程中，当危险部位缺乏相应安全信息的安全标志时，极易出现安全事故。为降低施工过程中安全事故发生的概率，要求必须设置明显的安全标志。危险部位安全标志设置的规定，保证了施工现场安全生产活动的正常进行，也为安全检查等活动正常开展提供了依据。

第一节 禁 止 类 标 志

施工现场禁止标志的名称、图形符号、设置范围和地点的规定见表 7-1。

禁 止 标 志　　　　　　　　　　　　　　　　　　表 7-1

名称	图形符号	设置范围和地点	名称	图形符号	设置范围和地点
禁止通行		封闭施工区域和有潜在危险的区域	禁止跨越		施工沟槽等禁止跨越的场所

续表

名称	图形符号	设置范围和地点	名称	图形符号	设置范围和地点
禁止停留	禁止停留	存在对人体有危害因素的作业场所	禁止挂重物	禁止挂重物	挂重物已发生危险的场所
禁止吸烟	禁止吸烟	禁止吸烟的木工加工场等场所	禁止烟火	禁止烟火	禁止烟火的油罐、木工加工场等场所
禁止跳下	禁止跳下	脚手架等禁止跳下的场所	禁止放易燃物	禁止放易燃物	禁止放易燃物的场所
禁止乘人	禁止乘人	禁止乘人的货物提升设备	禁止用水灭火	禁止用水灭火	禁止用水灭火的发电机、配电房等场所
禁止踩踏	禁止踩踏	禁止踩踏的现浇混凝土等区域	禁止攀登	禁止攀登	禁止攀登的桩机、变压器等危险场所
禁止碰撞	禁止碰撞	易有燃气积聚、设备碰撞发生火花易发生危险的场所	禁止靠近	禁止靠近	禁止靠近的变压器等危险区域

续表

名称	图形符号	设置范围和地点	名称	图形符号	设置范围和地点
禁止入内	禁止入内	禁止非工作人员入内和易造成事故或对人员产生伤害的场所	禁止启闭	禁止启闭	禁止启闭的电气设备处
禁止吊物下通行	禁止吊物下通行	有吊物或吊装操作的场所	禁止合闸	禁止合闸	禁止电气设备及移动电源开关处
禁止转动	禁止转动	检修或专人操作的设备附近	禁止堆放	禁止堆放	堆放物资影响安全的场所
禁止触摸	禁止触摸	禁止触摸的设备货物体附近	禁止挖掘	禁止挖掘	地下设施等禁止挖掘的区域
禁止戴手套	禁止戴手套	戴手套易造成手部伤害的作业地点			

第二节 警 告 标 志

施工现场警告标志的名称、图形符号、设置范围和地点的规定见表7-2。

警 告 标 志   表 7-2

名称	图形符号	设置范围和地点	名称	图形符号	设置范围和地点
注意安全	注意安全	禁止标志中易造成人员伤害的场所	当心火灾	当心火灾	易发生火灾的危险场所

续表

名称	图形符号	设置范围和地点	名称	图形符号	设置范围和地点
当心坠落	当心坠落	易发生坠落事故的作业场所	当心机械伤人	当心机械伤人	易发生机械卷人、轧伤、碾伤、剪切等机械伤害的作业场所
当心碰头	当心碰头	易碰头的施工区域	当心扎脚	当心扎脚	易造成足部伤害的场所
当心绊倒	当心绊倒	地面高低不平易绊倒的场所	当心障碍物	当心障碍物	地面有障碍物并易造成人的伤害的场所
当心爆炸	当心爆炸	易发生爆炸危险的场所	当心车辆	当心车辆	车、人混合行走的区域
当心跌落	当心跌落	建筑物边沿、基坑边沿等易跌落场所	当心触电	当心触电	有可能发生触电危险的场所
当心伤手	当心伤手	易造成手部伤害的场所	注意避雷	避雷装置 注意避雷	易发生雷电电击的区域

续表

名称	图形符号	设置范围和地点	名称	图形符号	设置范围和地点
当心滑倒	当心滑倒	易滑倒场所	当心吊物	当心吊物	有吊物作业的场所
当心坑洞	当心坑洞	有坑洞易造成伤害的场所	当心噪声	当心噪声	噪声较大易对人体造成伤害的场所
当心落物	当心落物	易发生落物危险的区域	注意通风	注意通风	通风不良的有限空间
当心塌方	当心塌方	有塌方危险的区域	当心飞溅	当心飞溅	有飞溅物质的场所
当心冒顶	当心冒顶	有冒顶危险的作业场所	当心自动启动	当心自动启动	配有自动启动装置的设备处

第三节　指　令　标　志

施工现场指令标志的名称、图形符号、设置范围和地点的规定见表7-3。

指令标志　　　　　　　　　　　　　　　　　　　表 7-3

名称	图形符号	设置范围和地点	名称	图形符号	设置范围和地点
必须戴防毒面具	必须戴防毒面具	通风不良的有限空间	必须戴安全帽	必须戴安全帽	施工现场
必须戴防护面罩	必须戴防护面罩	有飞溅物质等对面部有伤害的场所	必须戴防护手套	必须戴防护手套	具有腐蚀、灼烫、触电、刺伤、砸伤的场所
必须戴防护耳罩	必须戴防护耳罩	噪声较大易对人体造成伤害的场所	必须穿防护鞋	必须穿防护鞋	具有腐蚀、灼烫、触电、刺伤、砸伤的场所
必须戴防护眼镜	必须戴防护眼镜	有强光等对眼睛有伤害的场所	必须系安全带	必须系安全带	高处作业的场所
必须消除静电	必须消除静电	有静电火花会导致灾害的场所	必须用防爆工具	必须用防爆工具	有静电火花会导致灾害的场所

第四节 提 示 标 志

施工现场提示标志的名称、图形符号、设置范围和地点的规定见表7-4。

提 示 标 志 表7-4

名称	图形符号	设置范围和地点	名称	图形符号	设置范围和地点
动火区域		施工现场规定的可以使用明火的场所	应急避难场所		容纳危险区域内疏散人员的场所
避险处		躲避危险的场所	紧急出口		用于安全疏散的紧急出口处,与方向箭头结合设置在通向紧急出口的通道处(一般应指示方向)

第五节 导 向 标 志

施工现场导向标志的名称、图形符号、设置范围和地点的规定见表7-5,交通警告标志见表7-6。

导 向 标 志 表7-5

名称	图形符号	设置范围和地点	名称	图形符号	设置范围和地点
直行		道路边	向右转弯		道路交叉口前

名称	图形符号	设置范围和地点	名称	图形符号	设置范围和地点
向左转弯		道路交叉口前	停车位		停车场前
靠左侧道路行驶		须靠左行驶前	减速让行		道路交叉口前
靠右侧道路行驶		须靠右行驶前	禁止驶入		禁止驶入路段入口处前
单行路（按箭头方向向左或向右）		道路交叉口前	禁止停车		施工现场禁止停车区域
单行路（直行）		允许单行路前	禁止鸣笛		施工现场禁止鸣喇叭区域
人行横道		人穿过道路前	限制速度		施工现场出入口等需要限速处
限制重量		道路、便桥等限制质量地点前	限制宽度		道路宽度受限处
限制高度		道路、门框等高度受限处	停车检查		施工车辆出入口处

| | | | | | 交通警告标志 | 表 7-6 |

<table>
<thead>
<tr><th>名称</th><th>图形符号</th><th>设置范围和地点</th><th>名称</th><th>图形符号</th><th>设置范围和地点</th></tr>
</thead>
<tbody>
<tr><td>慢行</td><td>（图：慢）</td><td>施工现场出入口、转弯处等</td><td>上陡坡</td><td>（图：上陡坡箭头）</td><td>施工区域陡坡处，如基坑施工处</td></tr>
<tr><td>向左急转弯</td><td>（图：向左急转弯箭头）</td><td>施工区域向左急转弯处</td><td>下陡坡</td><td>（图：下陡坡箭头）</td><td>施工区域陡坡处，如基坑施工处</td></tr>
<tr><td>向右急转弯</td><td>（图：向右急转弯箭头）</td><td>施工区域向右急转弯处</td><td>注意行人</td><td>（图：注意行人）</td><td>施工区域与生活区域交叉处</td></tr>
</tbody>
</table>

第六节　现　场　标　线

施工现场标线的名称、图形符号、设置范围和地点的规定见表 7-7。

| | 现　场　标　线 | 表 7-7 |

<table>
<thead>
<tr><th>图形符号</th><th>名　称</th><th>设置范围和地点</th></tr>
</thead>
<tbody>
<tr><td>（图：灰色条）</td><td>禁止跨越标线</td><td>危险区域的地面</td></tr>
<tr><td>（图：斜线条）</td><td>警告标线（斜线倾角为 45°）</td><td rowspan="3">易发生危险或可能存在危险的区域，设在固定设施或建（构）筑物上</td></tr>
<tr><td>（图：斜线条）</td><td>警告标线（斜线倾角为 45°）</td></tr>
<tr><td>（图：斜线条）</td><td>警告标线（斜线倾角为 45°）</td></tr>
<tr><td>（图：竖线条）</td><td>警告标线</td><td>易发生危险或可能存在危险的区域，设在移动设施上</td></tr>
<tr><td>高压危险</td><td>禁止带</td><td>危险区域</td></tr>
</tbody>
</table>

图 7-1　临边防护标线示意
（标志附在地面和防护栏上）

图 7-2　脚手架剪刀撑标线示意
（标志附在剪刀撑上）

图 7-3　电梯井立面防护标线示意（标线附在防护栏上）

第七节　制　度　标　志

施工现场制度标志的名称、设置范围和地点的规定见表 7-8。

制 度 标 志　　　　　　　　　　　　　　　表 7-8

序号	名　称		设置范围和地点
1	管理制度标志	工程概况标志牌	施工现场大门入口处和相应办公场所
		主要人员及联系电话标志牌	
		安全生产制度标志牌	
		环境保护制度标志牌	
		文明施工制度标志牌	
		消防保卫制度标志牌	
		卫生防疫制度标志牌	
		门卫制度标志牌	
		安全管理目标标志牌	
		施工现场平面图标志牌	
		重大危险源识别标志牌	

序号	名 称		设置范围和地点
1	管理制度标志	材料、工具管理制度标志牌	仓库、堆场等处
		施工现场组织机构标志牌	办公室、会议室等处
		应急预案分工图标志牌	
		施工现场责任表标志牌	
		施工现场安全管理网络图标志牌	
		生活区管理制度标志牌	生活区
2	操作规程标志	施工机械安全操作规程标志牌	施工机械附近
		主要工种安全操作标志牌	各工种人员操作机械附件和工种人员办公室
3	岗位职责标志	各岗位人员职责标志牌	各岗位人员办公和操作场所

名称标示示例：

第八节 道路施工作业安全标志

混凝土布料机在道路上进行施工时应依据《中华人民共和国道路交通安全法》及当地政府颁发的安全法规和安全施工办法，根据道路交通的实际需求设置施工标志、路栏、锥形交通路标等安全设施，夜间应有反光或施工警告灯号，人行道上临时移动施工应使用临时护栏。同时应根据现行法律法规、交通状况、交通管理要求、环境及气候特征等情况，设置不同的标志。

常用的安全标志表7-9已经列出，具体设置方法请参照《道路交通标志和标线》GB 5768—2009的有关规定执行。

道路施工常用安全标志   表7-9

指示标志图形符号	名称	设置范围和地点	指示标志图形符号	名称	设置范围和地点
⚠ 前方施工 1km ⚠ 前方施工 300m	前方施工	道路边	右道封闭 300m 右道封闭	右道封闭	道路边

指示标志 图形符号	名称	设置范围 和地点	指示标志 图形符号	名称	设置范围 和地点
	锥形交通标	路面上		道口标柱	路面上
	道路封闭	道路边		左道封闭	道路边
	中间道路 封闭	道路边		施工路栏	路面上
	向左行驶	路面上		向右行驶	路面上
				向右改道	道路边
	向左改道	道路边		移动性施工 标志	路面上

第八章 标 准 与 规 范

本章为标准内容摘选，现场涉及标准实施时，应查阅标准原文并按照执行。

第一节 《混凝土及灰浆输送、喷射、浇注机械 安全要求》 GB 28395—2012

以下摘选的是与布料机相关的条款和内容。

1. 范围

本标准规定了混凝土及灰浆输送、喷射、浇注机械的安全要求和用以消除或减少重大危险发生的技术措施。本标准内容涉及输送、喷射及布料机械在生产厂家所设计的工况下使用时可能出现的重大危害、危险状况及事件。

本标准的安全要求适用于混凝土及灰浆输送机、喷射机、布料机及其部件。

3. 术语与定义

3.1 混凝土及灰浆

由水泥、分级骨料、水和添加剂等搅拌成的均质混合物。

3.2 添加剂

添加在混凝土或灰浆中改变混合物特性的原料。

3.3.1 混凝土泵

混凝土泵是带料斗泵送混凝土的施工设备。混凝土泵为柱塞泵或转子泵。料斗可用作搅拌容器。混凝土泵不论是否为牵引式，都应在固定状态下使用。泵送是通过机械方式在管路中实现物料输送。混凝土泵可与混凝土布料臂及喷射机械组合构成自行式设备。

3.5 混凝土布料臂

混凝土布料臂是动力驱动的、可回转的装置，由一节或多节伸展或折叠的臂架组成，用来为布料管路导向。

混凝土布料臂可安装在卡车、拖车或专用车辆上（如在复杂地形、隧道或铁轨上应用）。混凝土布料臂不论是否为自行驱动式或牵引式，均应在固定状态下使用。

3.6 输送管系统

输送管系统包括输送管、输送软管、管卡、阀和末端软管等，混凝土或灰浆等经由此类部件泵送。

3.7 控制台/面板

控制台是直接安装在机械上用以控制机械动作的控制设备所安装固定的位置。

以下两种有所区别：设备上的控制台、遥控操作面板。

对于具有遥控操作面板的机器，设备上的控制台作为应急控制设备。

4. 重大危险分类

下面列举了本标准所涉及的重大危害、危险情况及事件，它们在这类机械的风险评估中被列为重大危险，并有必要采取措施来消除或降低其风险。重大危险见表8-1。

重大危险列表　　　　　　　　　　　　　　　　表 8-1

章条编号	危　险	位置/详情/后果	参照条款/附录
4.1	机械危险（见 GB/T 15706.1—2007，4.2）		
4.1.1	挤压	固定部件与活动部件之间容易触及的区域	5.3.1.1，5.3.1.2，5.3.1.4，5.3.1.6，5.3.1.7，5.3.2.1，5.3.2.2，5.3.2.3，5.3.2.6，5.3.2.7，5.3.3.2，5.3.3.3
4.1.2	剪切	接近输送及喷射机械设备内外部各固定部件与活动部件之间的区域；从人口或其他地方接近料斗内固定部件与活动部件之间的区域	5.3.2.2
4.1.3	缠绕	接近无防护装置的轴	5.3.1.4，5.3.2.3
4.1.4	卷入	接近料斗内运动部件；接近搅拌机构的运动部件；接近V型输送带或链轮传动的啮合点	5.3.1.4，5.3.3.3
4.1.5	冲击	接近支腿及布料臂的运动部件	5.3.3.4，A.5
4.1.6	高压流体喷射	接近液压元件；接近输送管系统	5.3.4
4.1.7	零件或物料喷出	接近管道的出口处和磨损处	5.3.1.5，5.3.2.4，5.3.4
4.1.8	强度	强度不足	5.3.1.5，5.3.3.1
4.1.9	稳定性	失稳	5.3.1.5，5.3.2.4，5.3.2.5，5.3.3.1
4.1.10	滑倒	接近可能发生打滑的区域	5.1.2，5.3.1.5，5.3.2.5，5.3.3.1
4.2	电气危险（见 GB/T 15706.1—2007，4.3）	触电、电击或电烧伤	5.1.3
4.3	热灼伤危险（见 GB/T 15706.1—2007，4.4）	接近过热的机械部件	5.1.5
4.4	有害噪声（见 GB/T 15706.1—2007，4.5）	听力丧失及其他生理损害，口头交流能力及对警告信号的感知能力削弱	此项不在本标准规定之列
4.5	物料及消耗件使用危险（见 GB/T 15706.1—2007，4.8）	接触或吸入有害液体、气体、粉尘或悬浮物	7
4.6	人机工程（见 GB/T 15706.1—2007，4.9）	因控制台/面板设计不当而导致伤害；光线不充足；加油位置不合适；进出通道不方便	5.1.6
4.7	系统故障导致危险（见 GB/T 15706.1—2007，4.3）	动力故障，控制系统故障	5.1.1，5.1.4，5.3.1.3，5.3.1.4，5.3.1.5，5.3.2.4，5.3.3.2

5. 安全要求和/或防护措施

设备应遵循本章规定的安全要求和/或防护措施。

通用安全要求部分（见 5.1）是关于所有输送、喷射及布料机械的共有危险。特殊安全要求部分（见 5.2）是关于特定设备的特殊危险。

5.1 所有机械的通用安全要素

5.1.1 液压或气动系统失效而引起的危险

液压系统应依照 EN 982 设计。应特别考虑下列情形：

——工作中管路破裂（如提供管路破损安全措施）；

——便于维护和检查（安装平衡阀/卸荷阀、机械锁死装置等）。

除双油缸驱动外，平衡阀应与液压缸的压力腔相连，而不需额外的连接管路。

对于双液压缸驱动，应只采用一个平衡阀。平衡阀与两液压缸之间的连接管路应：

——增加 25％的安全系数；

——防止机械损伤。

5.1.2 滑倒风险

工作台、过道、舷梯都应防滑，如采用网纹板或栅板。

5.1.3 电气危险

电气装置应符合《机械电气安全 机械电气设备 第 1 部分：通用技术条件》GB 5226.1—2008 的规定。对于使用工业用电的设备应增加明显的电气危险提示标识。

5.1.4 紧急停机系统

设备控制台上应有急停装置。如有不止一个控制台，则每个主控制台（非局部控制）上应有急停按钮。有线遥控可视为机器设备上的控制台。对无线控制，急停按钮应设在机器设备控制台上。遥控操作台应具有停机功能。

紧急停机系统应：

——最短时间内停止设备的所有系统功能；

——防止设备自动重启，机器应由操作人员进行重启；

——应符合《机械安全 急停 设计原则》GB 16754—2008 的规定。

5.1.5 热防护及废气排放

以接触时间为 10s 计，可接触表面的最高温度应符合《机械安全 可接触表面温度 确定热表面温度限值的工效学数据》GB/T 18153—2000 的规定。

必要地方应采用防护装置或绝热材料。

排放废气应导离操作区（参见操作手册）。

5.1.6 人机工程

在人机工程方面，应适用 EN 614-1：2006、EN 894-1：1997、EN 894-2：1997 和 EN 894-3：2000 中的通用要求。

5.1.7 电源及控制系统故障

如不止一个控制台或控制面板，各功能（如启动、关机、开机）只能由一个控制台或控制面板操作实现。否则应有手动或自动切换开关，以实现一个控制台或控制面板到另一个控制台或控制面板的切换。

当出现系统故障时，应能手动或自动切换到另一控制台或控制面板。

内置电气系统的抗干扰性应符合 EN 13309 的规定。

5.3.3　移动式和固定式混凝土布料臂

移动式和固定式混凝土布料臂的危险及安全措施见表 8-2。

危险及安全措施　　　　　　　　　　　　　　　　　　　　　　　　　表 8-2

部件	危险类型	危险	参见 GB/T 15706.1—2007	安全措施
5.3.3.1 整机	机械	强度	4.2.2	机器在设计上应符合最新技术发展水平，应考虑机器的预期使用
		在装配工地现场用吊具搬运的机器和相关的零部件的失稳	4.2.2	在工地现场因装配需要用吊具搬运、提升的机器或某部件，应当配有吊钩吊点
		维护时在经过路径上滑倒	4.10	若在地面难以进行某些维护，拆装和检查工作，则应有相应的工作支架或平台；这些工作支架或平台应能安全使用，在其上工作应没有任何危险（见 5.1.2）
5.3.3.2 支腿	系统错误	多个控制台上的交互控制装置引起的机械部件的意外、失控动作	4.11	应只能有一个控制面板可以进行操作（有效切换的要点）；支腿和臂架不应同时动作
		意外的危险动作		为防止意外动作：确保在"关"位置，防止机器出现非授权或无效动作；执行元件应在其定位、设计和标识等方面防止误操作引起危险动作；应安装具有锁定功能的控制装置；支腿伸缩和摆动时速度应不大于 0.75m/s；若执行元件在工作范围之外，则支腿的垂直运动速度不应大于 0.40m/s；若执行元件在工作范围之内，则支腿的垂直运动速度不应大于 0.20m/s
	机械	可动支撑和机器固定件或不属于机器的其他装置之间的挤压	4.2.1	用于回转、伸缩和升降的执行元件应安装具有锁定功能的控制装置，且该装置应安装在危险区域之外，或通过其他措施防止进入危险区域；支腿的控制油路应彼此独立；在设计上应保证支腿在运输状态时能锁定；执行元件在定位、设计和标识方面应避免识别错误及操作方向错误；确保执行元件在"关"位置，以防止出现非授权操作

部件	危险类型	危险	参见 GB/T 15706.1—2007	安全措施
5.3.3.3 混凝土布料臂	机械	移动的布料臂零件和机器固定部分之间的挤压；机器的移动部件和不属于机器的其他设备之间的挤压	4.2.1	单节混凝土布料臂升降、布料臂回转的执行元件应安装具有锁定功能的控制装置；当某一节混凝土布料臂运动时，该臂末端举升或放低的最大速度不得大于 0.75m/s；所有混凝土布料臂一起运动时，臂架末端的最大速度不大于 3m/s；布料臂水平回转时，其末端的最大水平运动速度不大于 1.5m/s；执行元件在定位、设计和标识方面应避免识别错误及操作方向错误；便携式（遥控）控制装置执行元件的布置参见附录 A；确保执行元件在"关"位置，以防止出现意外操作
5.3.3.4 末端软管	机械	由失控的动作（如由泵送故障所引起的）以及末端软管脱落引起的冲击		末端软管和其他伸长管应有防止其脱落的附加安全装置；末端软管不能续接管及有插装式接口或其他危险出口；若由一个或多个人员操纵末端软管，则管长不应超过 4m；若布料时连接的是输送管而不是末端软管，则不能采用人工导向操作方式。出于稳定性考虑，输送管的安装应按照厂家提供的操作手册进行

5.3.4 输送管系统

输送管系统的危险及安全措施见表 8-3。

危险及安全措施 表 8-3

部件	危险类型	危险	参见 GB/T 15706.1—2007	安全措施
输送管	机械	泵送物料高压下外泄所产生的高压流体喷射	4.2.1	输送管、软管以及连接件在设计上应确保能承受允许的工作压力；对于新输送管系统，其所能承受的爆管压力与工作压力之比，安全系数选取如下：末端软管：1.75；输送管、软管、连接件及其附件（如分配阀）：2.00；灰浆输送喷射机器的软管及其接头：2.50。应在设计上确保管卡不会意外打开。若用压缩空气清洗输送管，则管道末端应连接有接收筐或类似装置。若末端装有软管，则应确保其不会出现失控的动作。输送管系统应从设计和安装上保证操作人员在处理堵管故障时没有危险，故可以宜安装反泵装置。机器在设计上应保证反泵时产生的物料喷射不会对人员造成危害

5.4 控制要求（电气和液压）

5.4.3 支腿

支腿的控制系统应符合：电气系统，类别1；液压系统，类别1。

5.4.4 紧急停机装置

有线遥控应有一级线使之具有紧急停机功能（由于外部原因造成危险），或者应具备短路时能自检并切断电路功能。电气系统：紧急停机时电路切断，类别1。

对于无线遥控，执行元件在零位时不应有任何动作，控制出现错误（如模拟信号值输入错误）时也应如此。

电气系统：紧急停机时电路切断，类别1。

5.4.5 包括回转机构的布料臂

控制系统应符合：电气系统，类别1；液压系统：类别1；混凝土布料臂所有功能均具有自复位功能的微动模式；布料臂作业范围内的紧急制动装置；如电气或液压控制出现故障，当紧急制动装置复位时机器不能意外启动。

在动力发生故障后恢复或者紧急制动装置触发后复位的情况下，混凝土布料臂、回转机构和泵送机构不应意外启动。

5.5 稳定性

5.5.2 移动式或固定式布料臂的稳定性检验

若布料臂安装在某个移动或固定的底架上，则底架也应满足相应的稳定性规定，或者进行稳定性的特别验证。

5.5.3 安装于起重机上的布料臂的稳定性检验

若布料臂安装于起重机上，则起重机应满足相应的稳定性规定。

5.5.4 固定支架或类似装置上的布料臂的稳定性检验

若布料臂被安装在固定支架或类似装置上，则布料臂的制造商应说明装置所承受的所有力和力矩，并且在稳定性计算中予以考虑。

7. 使用信息

7.1 随机文件（主要为操作手册）

操作手册应按照 GB/T 15706.2—2007 中 5.5 的要求编写，应包括人身防护装置的详细说明。

操作手册应包括以下内容：

7.1.1 操作人员

接受过培训且具备物料输送、喷射和布料机械操作和维护保养技能的专业人员；

需熟知使用信息。

7.1.2 有关输送、喷射和布料装置加长的说明。

7.1.3 有关电力供应的连接的说明，并特别说明需要避免使用生活用电。

7.1.4 用户或操作人员应检查机器以确保：

人员远离机器危险区域；

支撑表面能承受支腿作用的最大载荷；

作业时安全装置没有更改或拆除；

维护和保养后重新安装安全设施；

发生影响安全性能的故障时中断操作；

控制按钮置于"关"位置时应能可靠地防止意外启动；

机器与开挖区域保持足够距离；

与高压电线保持足够距离；

行驶时，所有运动部件可靠定位，不会出现失控的运动；

布料臂未完全收回到位，整车不能移动；

若维护、装配、拆除和检修工作不能在水平地面上进行，则须有专用工作台；

操作人员在控制位置能清楚看到危险区域。

7.1.5 操作手册和日志簿应放在机器上易于拿放的地方。

7.1.6 清洗程序和污水处理。

7.1.7 输送管的最小残余壁厚（检验的周期、检验的方式等）。

7.1.8 固定安装。

7.1.9 机器在不平整路面上的运动性能。

7.1.10 许可的输送路线。

7.1.11 工作环境的照明。

7.1.12 固定式布料臂在现场装配后需进行检验，并应有机器现场装配指导书，现场装配后应对机器进行全面检验。

7.2 日志簿

日志簿应该和附录B的内容一致，除灰浆机外，应该与设备一起提供。应告知用户将所有的检查和测试结果填入日志簿。

注：日志内容不受贸易要求限制。

7.3 复查

用户应安排好复检（包括混凝土泵，混凝土布料臂及其输送管）。

机器、混凝土布料臂及输送管，每年至少要由用户指定的专业人员复检一次，以确保其操作的可靠性。若机器累计工作时间达 500h 或泵送混凝土达 20000m³，则即使离上次检查不到一年，也应进行复检。机器上应安装作业计时仪表以确定复检时间。记录泵送作业时间的计时仪表应始终处于工作状态而不能中断。使用年限超过 5 年的机器应按照操作手册中的附加要求进行复检。

定期复检实质上是以目测和功能检查进行安全评估，检验结果应记录在日志簿中。

复检包括以下内容：

部件和装置的使用情况，是否有裂纹、破裂、磨损、腐蚀和其他变化；

安全装置是否完备、有效；

确定上述检查中发现的可能损害安全性能的故障是否已纠正；

制造商提供给用户的信息是否与有关维护和检修的特殊说明相一致。

7.6 移动式和固定式的混凝土布料臂

原则上不允许混凝土布料臂和末端软管的长度超过制造厂家的规定。

对于末端软管的修改只限于制造厂家所编制的操作手册中规定的范围。

混凝土布料臂不能用来起吊重物。

在高风速（给出的最大风速）或工作停止的情况下，应立即将机器置于"关"位置。

泵送开始或中断后继续泵送时，所有人员应了解末端软管的危险范围。

如机器配有遥控，则操作人员应能清楚地看到布料现场。若不满足此条件，则应有其他人员进行协助。

机器安装时，应能看到作用在支腿上的最大反作用力的数值标识，确保支撑压力可靠地传递给地面。

若布料臂的改装（如加长）在首次调试前已经进行了检验，则这种改装不视为重大修改。

机器进行下列重大修改后，用户或操作人员应确保机器由具有相关资质的专业人员进行检查：

承载件的结构改装；

驱动系统的修改；

承载件的更换或维修；

进行焊接后。

7.7　输送管系统

输送管在最大工作压力下的最小壁厚应在操作手册中给出。

拆开输送管之前（或排除堵塞前），系统应通过反泵等方式释压。

气动清洗时，应拆除末端软管，装上接收筐。

管路系统应可靠固定。

操作手册应规定对管壁特别是弯管管壁的磨损情况进行检查。

7.8　维护保养

操作手册应给出液压系统的维护数据，如检查周期，液位计、加油口和排油口的位置，检验和观察点的位置，如何处理废弃液压油，减压机构，蓄能器的维修、操作和检验数据，液压管件的工作年限以及年度检验等。

维护手册应包含必要的维护信息以及安全防护措施。

备件清单应包括并提供所有与安全相关的备件的明确标识，并应给出备件安装位置的相关信息。

7.9　标牌

7.9.1　混凝土布料臂应安装有永久性清晰的标牌，注明以下内容：

厂商名和地址；

生产日期；

序列号或识别码（如有）；

序列或类型名称（如有）；

液压系统的允许压力（MPa）；

管路的最大公称直径（mm）；

末端软管的最大允许长度（m）；

最大支反力应标注在支腿上；

电气设备的工作参数（电压、频率、输出等）；

警示牌应标明禁止布料臂作为起重机使用，并应包括与高压线之间的安全距离的数据；

强制性标注。

7.9.6 液压系统中液压组件应安装有永久性清晰的信息标牌，注明以下内容：

厂商名和地址；

生产日期；

序列号或识别码（如有）；

序列或型号名称（如有）；

液压系统的允许工作压力（MPa）；

最大流量（L/min）；

排油口；

电气设备的工作参数（电压、频率、输出等）；

强制性标注。

7.9.7 输送管系统应安装包括以下易于辨认信息的永久性的标牌：

厂商名和地址；

公称直径；

最大允许工作压力（MPa）；

输送管系统包括：输送管、软管、连接件、阀、管路截止阀等。

附录 A

A.6 末端软管使用安全示意图见图 8-1

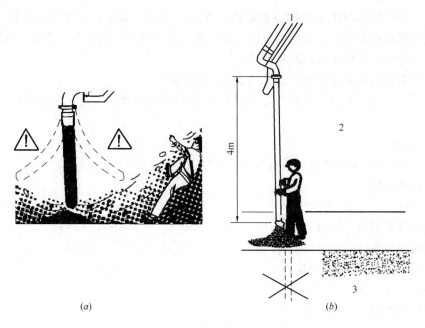

图 8-1 末端软管使用安全示意

1—末端软管数据；2—末端软管不超过 4m；3—如果采用人工导向则允许加长末端软管。

附录 B　混凝土泵和布料臂日志簿

混凝土布料臂			
制造商：			
类型：		混凝土布料臂序号	
客户（业主）：			

混凝土布料臂日志簿的内容包括：

B.1　初始记录与装配

初始记录：

混凝土布料臂在交付给用户前应进行检查，检查结果应记入日志簿并存档。

混凝土布料臂经检验符合国家危险防范规定、技术方针和规范后方能投入使用。具有相应资质专业人员在最终检验中发现的任何缺陷都应在投入使用前纠正。

日志簿不包括依据国家法规进行的检查。

在现场装配后，固定式混凝土布料臂应在试运转之前由具有相关资质的专业人员进行检验，以确保设备装配正确、无故障。

混凝土布料臂以及混凝土输送管必须定期由专业人员进行检查，根据实际使用情况，按每工作 500h 或者输送量达 $20000m^3$ 检查一次，每年保证至少检查一次（常规检查）。超过 5 年以上的机器应根据操作手册的附加要求进行检查，见 7.3。

专业人员指受过相关专业技术训练，具备丰富的经验，具有足够的混凝土布料臂领域专业知识，充分熟悉国家相关法律法规、事故防范条例和技术方针、规则，并能对混凝土布料臂的工作情况进行安全评估的人员。

除具有相关资质的专业人员外，也可指定下列人员进行常规检查：

产品工程师；

熟练机修工；

制造厂家的售后服务工程师。

用户可以判断上述人员其是否能够从事相关检查工作。

混凝土布料臂应配备日志簿，并将检查结果记入，由检查人员签字确认。

混凝土布料臂应配备操作手册，提供混凝土泵的安装以及混凝土布料臂装配与拆卸的相关信息。

B.6.1.2　固定式混凝土布料臂

混凝土布料臂制造商：						
类型：		序列号：		制造年份		
最大布料半径（从回转中心开始算起）			m			
混凝土输送管最大允许直径			mm			
末端软管			mm	长度		m
液压系统允许的最大工作压力			MPa			
最大泵送压力		MPa				

底座					
支撑		型号：		序列号：	
管状塔身[a]	m	型号：		序列号：	
管状臂架基础[a]		型号：		序列号：	
X型支腿[a]		型号：		序列号：	
地面支撑框架[a]		型号：		序列号：	
轴支撑框架[a]		型号：		序列号：	
液压爬升装置[a]		型号：		序列号：	
快速连接凸法兰[a]		型号：		序列号：	
快速连接凹法兰[a]		型号：		序列号：	
格构式塔身连接部件		型号：		序列号：	

a 若有其他部件，如辅助装置等，见日志簿中关于独立底座的固定式混凝土布料臂部分。

格构式塔身制造商：		类型：	

备注（修改、特殊特征等）：

第二节 《混凝土布料机》JB/T 10704—2007

1. 范围

本标准规定了混凝土布料机（以下简称布料机）的分类、技术要求、试验方法、检验规则及标志、包装、运输和贮存。

本标准适用于固定式、移动式布料机。安装在船体上和混凝土泵车的布料装置可参照执行。

2. 术语与定义

（1）最大布料半径

在布料臂架全部展开处于水平位置，从布料机回转中心到布料臂架顶端刚性混凝土输送管出口中心的最大水平距离。

（2）最小布料半径

通过布料臂架的弯折，从布料机回转中心到布料臂架顶端刚性混凝土输送管出口中心的最小水平距离。

（3）最大布料高度

在布料臂架全部展开并仰起至最大仰角状态下，从布料机停机面到布料臂架顶端刚性混凝土输送管出口平面的垂直距离。

3. 分类

（1）主参数

混凝土布料机的主参数为最大布料半径。

（2）型号

布料机型号由布料机组型代号、主参数代号、特性代号和变形更新代号组成。

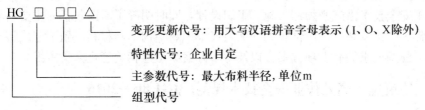

4. 安全要求

（1）布料臂架末端软管应装有软管安全绳。

（2）布料臂架在非工作状态下，应设置防自动展开装置。

（3）不允许同时进行的动作（机构）应连锁。

（4）应设置必要的人行护栏、扶手、踏板、平台、梯子等。护栏、梯子的安全要求应符合《塔式起重机安全规程》GB 5144 的规定。

（5）布料臂架不应作为起重部件使用（经特殊设计的布料臂架除外）。

第三节　《建筑机械使用安全技术规程》JGJ 33—2012

以下为本规程关于混凝土布料机的内容：

1. 设置混凝土布料机前应确认现场有足够的空间，混凝土布料机任一部位与其他设备及建筑物的安全距离不小于 0.6m。

2. 固定式混凝土布料机的工作面应平整坚实。当设置在楼板上时，其支撑强度必须符合说明书的要求。

3. 混凝土布料机作业前应重点检查以下项目，并符合下列规定：

（1）各支腿打开垫实并锁紧。

（2）塔架的垂直度符合说明书要求。

（3）配重块应与臂架安装长度匹配。

（4）臂架回转机构润滑充足，转动灵活。

（5）机动混凝土布料机的动力装置、传动装置、安全及制动装置符合要求。

（6）混凝土输送管道连接牢固。

4. 手动混凝土布料机，臂架回转速度应缓慢均匀，牵引绳长度应满足安全距离的要求。严禁作业人员在臂架下停留。

5. 输送管出料口与混凝土浇筑面保持 1m 左右的距离，不得被混凝土堆埋。

6. 严禁作业人员在臂架下方停留。

7. 当风速达到 10.8m/s 以上或大雨、大雾等恶劣天气应停止作业。

第四节　施工现场其他常用安全标准

本节为标准内容摘录，现场涉及标准实施时，应查阅标准原文并按照执行。

一、《施工企业安全生产管理规范》GB 50656—2011

《建筑施工企业安全生产管理规范》GB 50656—2011 第 12.0.5 条的规定明确要求高处作业施工安全技术措施必须列入施工组织设计，同时明确了所应包括的主要内容。对于专业性较强、结构复杂、危险性较大的项目或采用新结构、新材料、新工艺或特殊结构的高处作业，强调要求编制专项方案，以及专项方案必须经相关管理人员审批。

二、《建筑施工高处作业安全技术规范》JGJ 80—2016

《建筑施工现场高处作业安全技术规范》JGJ 80—2016 的主要内容有：总则、术语和符号、基本规定、临边与洞口作业、攀登与悬空作业、操作平台、交叉作业、建筑施工安全网及有关附录，共计 8 章和 3 个附录。该规范注意到了近几年移动式升降工作平台发展速度很快，使用也较为方便。提出移动式升降平台不仅要符合现行国家标准的要求，在其使用过程中还要严格按该平台使用说明书操作。

2016 年版与 1991 年版规范相比，增加了术语和符号章节；将临边和洞口作业中对护栏的要求归纳、整理，统一对其构造进行规定；在攀登与悬空作业章节中，增加屋面和外墙作业时的安全防护要求；将操作平台和交叉作业章节分开为操作平台和交叉作业两个章节，分别对其提出了要求；对移动操作平台、落地式操作平台与悬挑式操作平台分别作出了规定；增加了建筑施工安全网章节，并对安全网设置进行了具体规定。鼓励使用和推广标准化、定型化产品的安全防护设施。

三、机械化施工现场常用安全标准

《安全色》GB 2893

《安全标志及其使用导则》GB 2894

《道路交通标志和标线》GB 5768

《消防安全标志》GB 13495

《消防安全标志设置要求》GB 15630

《消防应急照明和疏散指示系统》GB 17945

《土方机械　机器安全标签　通则》GB 20178

《建设工程施工现场供用电安全规范》GB 50194

《建筑施工安全技术统一规范》GB 50870

《建筑施工脚手架安全技术统一标准》GB 51210

《建筑机械使用安全技术规程》JGJ 33

《施工现场临时用电安全技术规范》JGJ 46

《建筑施工安全检查标准》JGJ 59

《建筑施工高处作业安全技术规范》JGJ 80

《建筑施工门式钢管脚手架安全技术规范》JGJ 128

《建筑施工扣件式钢管脚手架安全技术规范》JGJ 130

《建设工程施工现场环境与卫生标准》JGJ 146

《建筑拆除工程安全技术规范》JGJ 147

《施工现场机械设备检查技术规范》JGJ 160

《建筑起重机械安全评估技术规程》JGJ/T 189

《建筑施工起重吊装工程安全技术规范》JGJ 276

《建筑施工升降设备设施检验标准》JGJ 305

《建筑工程施工现场标志设置技术规程》JGJ 348

以上标准中,《建筑机械使用安全技术规程》JGJ 33、《施工现场机械设备检查技术规范》JGJ 160、《建筑施工升降设备设施检验标准》JGJ 305 等对高空作业机械使用、日常检查、检验等作了具体规定,读者可作延伸阅读,以充实作业现场标准知识。

学员和教师在施工现场还需注意出入施工现场遵守安全规定,认知标志,保障安全。均应注意学习施工现场安全管理规定、设备与自我防护知识、成品保护知识、临近作业、交叉作业安全规定等;尤其是要了解和认知施工现场安全常识、现场标志,遵守相关标准及规程的安全规定。

参 考 文 献

［1］ 荣大成. 混凝土泵车操作［M］. 北京：中国建筑工业出版社，2009 年 1 月.

［2］ 靳同红. 混凝土机械构造与维修手册［M］. 北京：化学工业出版社，2012 年 2 月.

［3］ 王春琢. 施工机械基础知识［M］. 北京：中国建筑工业出版社，2016 年 7 月.

［4］ 王平. 建筑机械岗位普法教育与安全作业常识读本［M］. 北京：中国建筑工业出版社，2015 年 4 月.